AF314566

LEÇONS

SUR LES

ÉQUATIONS INTÉGRÀLES

ET LES

ÉQUATIONS INTÉGRO-DIFFÉRENTIELLES.

COLLECTION DE MONOGRAPHIES SUR LA THÉORIE DES FONCTIONS,

PUBLIÉES SOUS LA DIRECTION DE M. ÉMILE BOREL.

LEÇONS

SUR LES

ÉQUATIONS INTÉGRALES

ET LES

ÉQUATIONS INTÉGRO-DIFFÉRENTIELLES.

LEÇONS PROFESSÉES A LA FACULTÉ DES SCIENCES DE ROME
EN 1910,

Par Vito VOLTERRA,

PROFESSEUR A L'UNIVERSITÉ,

ET PUBLIÉES

PAR

M. TOMASSETTI. | **F.-S. ZARLATTI.**

PARIS,

GAUTHIER-VILLARS, IMPRIMEUR-LIBRAIRE

DU BUREAU DES LONGITUDES, DE L'ÉCOLE POLYTECHNIQUE,

Quai des Grands-Augustins, 55.

1913

PRÉFACE.

Ce Volume a été rédigé d'après les leçons que j'ai faites à l'Université de Rome pendant l'année scolaire 1909-1910, mais MM. Tomassetti et Zarlatti en ont changé le plan en quelques endroits. C'est ainsi que la matière du Chapitre II a été complétée par l'addition de plusieurs recherches fort intéressantes de M. Picard, de quelques paragraphes de la remarquable Thèse de M. Lalesco et de travaux d'autres auteurs.

Les applications de la théorie des équations intégrales à l'étude des vibrations ont été très réduites. Dans mon cours je considérais d'abord le problème classique des petits mouvements, lorsque le nombre des degrés de liberté est fini, et je passais ensuite aux corps continus.

On a aussi retranché la théorie générale de l'Élasticité et de l'Électrodynamique dans le cas de l'hérédité. Cette partie aura sa place dans le Volume en préparation de cette collection qui renferme les leçons que j'ai faites en 1912 à la Sorbonne.

Mes premières études sur les fonctions qui dépendent d'autres fonctions et les fonctions de lignes, ou d'un nombre infini et continu de variables, remontent à l'année 1883. Je suis parti du calcul des variations. Mais je n'ai publié des travaux d'une manière systématique sur ce sujet qu'à partir de 1887. Cependant, en 1884, j'ai communiqué une Note à l'Académie des Lincei où j'ai relié au calcul des variations les équations intégrales à noyau symétrique.

J'ai interrompu les publications sur cette matière pendant les années 1891-1895 où j'ai dû m'occuper d'autres recherches, et je n'ai recommencé qu'en 1896 par les Notes de l'Académie de Turin sur l'inversion des intégrales définies.

Dès la première Note, j'ai envisagé les équations intégra es comme le cas limite d'équations algébriques linéaires. C'est par cette considération que je suis arrivé à l'emploi des déterminants infinis pour l'inversion des intégrales définies (résolution des équations intégrales). J'ai parlé de cet emploi dans des conversations privées à Zurich en 1897. J'ai eu aussi l'occasion de parler de cet emploi dans une conférence que j'ai faite en 1898 [1] sur la question des oscillations des liquides pesants (Problème des Seiches).

Les mêmes conceptions relatives au passage du fini à l'infini m'ont guidé dans l'étude des équations intégro-différentielles et dans celle des fonctions permutables. J'en ai commencé l'exposition en 1909. On trouvera un premier aperçu de ces études dans le dernier Chapitre de ces Leçons. L'exposition complète en paraîtra dans les Leçons de la Sorbonne dont j'ai parlé plus haut.

---

[1] *Sul fenomeno delle Seiches.* Conferenza del prof. Volterra (*Nuovo Cimento*, 4ᵉ série, t. VIII. octobre 1898).

LEÇONS

SUR LES

ÉQUATIONS INTÉGRALES

ET LES

ÉQUATIONS INTÉGRO-DIFFÉRENTIELLES.

CHAPITRE I.

SUR LES FONCTIONS QUI DÉPENDENT D'AUTRES FONCTIONS.

I. — IDÉE GÉNÉRALE DE FONCTION.

R. Descartes (¹), le fondateur de la Géométrie analytique, fut le premier à introduire l'idée de *fonction*, liée à la variabilité des abscisses et des ordonnées d'une courbe.

G.-W. Leibniz et J. Bernoulli conçurent la fonction dans un sens plus étendu ; ce dernier a employé le mot *fonction* dans le sens qu'il a à l'état actuel.

La classification des fonctions en *algébriques* et *transcendantes*, en *explicites* et *implicites*, en *uniformes* et *multiformes*, est due à L. Euler.

La Physique mathématique a contribué à l'extension de l'idée de *fonction :* Le problème des cordes vibrantes fut ramené à l'équation connue :

$$\frac{\partial^2 u}{\partial x^2} - \frac{\partial^2 u}{\partial t^2} = 0,$$

dont l'intégrale générale

$$u = \varphi(x + t) + \psi(x - t)$$

(¹) *Voir* sur ce sujet : *Encyclopédie des Sciences mathématiques*, t. II, vol. I, fasc. 1.

V.
1

contient deux fonctions, que d'Alembert appelait *arbitraires*, et qu'Euler considère comme les *expressions analytiques représentées par deux lignes planes quelconques*. D. Bernoulli résolut le même problème par des séries trigonométriques. La diversité apparente entre les deux solutions fut expliquée à la suite des recherches de Fourier et Dirichlet sur les séries trigonométriques ([1]).

En suivant la notion de G. L. Dirichlet nous pouvons, d'une manière très générale, définir une *fonction* comme il suit :

Une variable z est fonction (univoque) *d'une variable x si, pour chaque valeur attribuée à x dans un intervalle donné, z prend une valeur déterminée.*

La critique de la définition de Dirichlet fut l'origine de plusieurs discussions; citons à ce propos les très intéressantes recherches de M. Pierre Boutroux ([2]). L'idée de Dirichlet, qui ne définit *aucune relation analytique* entre les deux variables, descend évidemment d'une façon fort naturelle de la *loi physique*.

Quoique l'idée de Dirichlet soit très générale, la fonction ainsi définie jouit de plusieurs propriétés, par exemple le théorème de Weierstrass sur les limites supérieures et inférieures ; sur ces propriétés s'appuie un vaste champ de recherches de G. Cantor, G. Darboux, U. Dini, Du Bois-Reymond, etc.

En posant certaines conditions on démontre la possibilité de représenter les fonctions par les séries trigonométriques ou par la série de Taylor. Les théorèmes de Cauchy lient aux séries de Taylor les fonctions analytiques dans le domaine réel et complexe, et le développement en *séries de polynomes* introduit par Weierstrass, démontré de diverses manières par ([3]) MM. E. Picard, C. Runge, V. Volterra, H. Lebesgue, G. Mittag-Leffler, L. Féjer, M. Lerch, E. Landau, etc., a été complété ensuite par les recherches générales de M. R. Baire.

([1]) U. DINI, *Serie di Fourier* (Introduction).

([2]) PIERRE BOUTROUX, *Sur la notion de correspondance dans l'analyse mathématique* (*Revue de Métaphysique et de Morale*, nov. 1904).

([3]) E. BOREL, *Leçons sur les fonctions de variables réelles*, Paris, 1905 p. 50-56).

II. — Fonctions qui dépendent d'autres fonctions.
Fonctions de lignes.

Nous sommes obligés, pour étudier des problèmes plus généraux, d'étendre l'idée de fonction ainsi établie. En effet, quelquefois en Analyse et en Physique mathématique, on envisage des *quantités qui dépendent de toutes les valeurs qu'une ou plusieurs fonctions prennent dans un champ donné.*

Par exemple, la température dans l'intérieur d'un corps dépend de toutes les valeurs de la fonction qui exprime la température au contour. La polarisation magnétique en un point dépend non seulement de la force magnétique actuelle, mais dépend aussi de toute son *histoire magnétique* (¹). De même le potentiel newtonien d'un corps homogène déformable dépend de la forme du corps. Donc nous sommes amenés tout naturellement à aborder la théorie d'un *nouveau type de fonctions*, qui diffèrent essentiellement des *fonctions de fonctions ordinaires* (²). Volterra a développé, dès 1887, ces idées, qu'il a appliquées d'abord pour étendre la théorie de Riemann sur les fonctions de variables complexes à l'espace à trois dimensions; nous donnerons dans le paragraphe suivant quelques indications sur cette extension.

L'utilité de la représentation géométrique du domaine de variabilité d'une fonction est bien connue; au lieu de dire *fonction d'une ou de plusieurs variables réelles*, on dit quelquefois *fonction des points d'un domaine à une ou plusieurs dimensions.*

Les fonctions qui dépendent d'autres fonctions ont une représentation du même type :

Par exemple envisageons toutes les lignes continues qu'on peut tracer dans un domaine à deux dimensions; en faisant corres-

---

(¹) V. Volterra, *Sulle equazioni della elettrodinamica* (*Rendic. Lincei,* 1909, 1ᵉʳ semestre). — Ch. Maurain, *Le magnétisme du fer* (Coll. Scientia).

(²) V. Volterra, *Sulle funzioni che dipendono da altre funzioni* [(*Rendic. Lincei,* 1887, 2ᵉ semestre) (Trois Notes)]. — *Sopra una estensione della teoria di Riemann sulle funzioni di variabili complesse* [(*Rend. Lincei,* 1887, 2ᵉ semestre; 1888, 1ᵉʳ semestre) (Trois Notes)]. — *Sur les fonctions qui dépendent d'autres fonctions* (*Comptes rendus,* 1906, 1ᵉʳ semestre). — *Leçons sur les équations aux dérivées partielles* [Leç. I, § 5-8; Leç. V, VI, VII] (Stockholm, 1906).

pondre à chaque ligne une valeur d'une variable, nous définirons une *fonction d'une ligne* (¹) *dans le domaine donné*. On peut avoir ainsi une représentation géométrique des fonctions qui dépendent de toutes les valeurs d'une fonction d'une variable.

D'autre part, la Physique mathématique amène aussi à des notions concrètes sur le même sujet.

Imaginons un pôle magnétique fixe attirant un point magnétique m : la composante, par rapport à un axe, de l'attraction est *fonction du point* m; si m se trouve en présence d'un circuit électrique, on a une composante de l'attraction due au circuit, *fonction du point* m ; mais si, m restant fixe, le circuit varie, la composante magnétique est *fonction de la ligne qui constitue le circuit*.

III. — QUELQUES APPLICATIONS DES FONCTIONS DE LIGNES.

La théorie des *fonctions de lignes* est d'une grande utilité dans plusieurs recherches d'ordre analytique et physique ; nous allons résumer d'abord quelques applications que M. V. Volterra a faites de cette théorie depuis longtemps. Nous donnerons après d'autres applications plus récentes. Et cela familiarisera en même temps le lecteur avec la notion de fonction de lignes (²).

a. Pour étendre la théorie des fonctions des variables complexes à l'espace à trois dimensions, on peut envisager deux ou plusieurs variables complexes fonctions des lignes fermées de l'espace, en les reliant par une condition analogue à celle de monogénéité (³) (*liaison d'isogénéité*). Le théorème que M. Poincaré (⁴) a donné comme extension du théorème de Cauchy pour les fonctions de

---

(¹) V. VOLTERRA, *Sulle funzioni di linee* [(*Rendic. Lincei*, 1887, 2ᵉ semestre (Deux Notes)].

(²) Pour l'application de ces idées à la théorie des *opérations fonctionnelles*, voir la deuxième Partie du Mémoire de A. VITERBI, *Sull' operazione funzionale rappresentata da un integrale definito, considerata come un elemento del calcolo* (*Annali di Mathematica*, t. XXVI, 1897) et l'article de S. PINCHERLE, *Équations et opérations fonctionnelles* (*Encyclop. des Sciences mathém.*, t. II, vol. V, fasc. 26).

(³) V. VOLTERRA, *Leçons de Stockholm* (1906, p. 32-34).

(⁴) H. POINCARÉ, *Sur les résidus des intégrales doubles* (*Acta Mathem.*, IX). — E. PICARD, *Sur la théorie des fonctions algébriques* (*Journ. de Mathémat.*, 1889; *Comptes rendus*, t. CXXIV).

deux variables complexes, montre la relation entre cette théorie et celle des intégrales des fonctions de deux variables complexes. En généralisant aux espaces à plusieurs dimensions on peut avoir une théorie générale des intégrales des fonctions d'un nombre quelconque de variables complexes ([1]).

b. Jacobi ([2]) réduisit les équations différentielles qu'on trouve en annulant la variation première d'une *intégrale simple* à la forme canonique de Hamilton. La solution de ces équations peut s'obtenir par des opérations de dérivation en envisageant l'*intégrale simple* comme une fonction de ses limites et des valeurs arbitraires qu'on peut donner aux fonctions inconnues aux mêmes limites.

Si l'on veut étendre cette théorie aux équations différentielles qu'on trouve en annulant la variation première d'une intégrale double, il faut considérer, d'une manière analogue, cette intégrale comme une fonction des lignes qui limitent le domaine d'intégration et des fonctions arbitraires qui déterminent au contour les fonctions inconnues. C'est ainsi qu'on est amené dans cette question à considérer des fonctions des lignes et des fonctions qui dépendent de toutes les valeurs d'autres fonctions ([3]).

c. On connaît bien le théorème, relatif aux intégrales simples, qui permet d'envisager le théorème d'addition des fonctions trigonométriques comme une proposition de calcul intégral :

Si

$$I = \int^{x} \frac{dx}{\sqrt{1-x^2}} + \int^{y} \frac{dy}{\sqrt{1-y^2}}$$

et si les limites supérieures x, y des intégrales sont les coor-

---

([1]) V. Volterra, *Sopra una estensione della teoria di Riemann sulle funzion di variabili complesse* (*Rendic. Lincei,* 1888, 1ᵉʳ semestre, 1ʳᵉ Note). — *Sopr una estensione* .... (*Rend. Lincei,* 1888, 2ᵉ semestre, 2ᵉ, 3ᵉ Note). — *Variabili complesse negli iperspazi* (*Rend. Lincei,* 1889, 1ᵉʳ semestre; 1890, 2ᵉ semestre. Trois Notes). — *Sur une généralisation de la théorie des variables imaginaires* (*Acta Mathem.*, 1889).

([2]) Jacobi, *Zur theorie der Variation, Rechnung und Different. Gleich.* (*Crelle,* 17).

([3]) V. Volterra, *Sopra una estensione della teoria Jacobi-Hamilton del. calcolo delle variazioni* (*Rendic. Lincei,* t. VI, 1890), *Leçons de Stockholm,* 1906. Leç. VII.

données d'un point de la courbe algébrique

$$x \sqrt{1 - y^2} + y \sqrt{1 - x^2} = C,$$

où C *désigne une quantité constante,* 1 *ne change pas lors-qu'on déplace le point sur la courbe.*

Ce théorème peut s'étendre aux intégrales doubles ([1]) en donnant lieu à une proposition sur des fonctions de lignes. En effet, si l'on envisage les trois intégrales

$$\iint \frac{dy\,dz}{\sqrt{\dfrac{b_2}{\lambda} z^2 - \dfrac{b_3}{\lambda} y^2 + \beta_1}},$$

$$\iint_{\sigma_2} \frac{dz\,dx}{\sqrt{\dfrac{b_3}{\mu} x^2 - \dfrac{b_1}{\mu} z^2 + \beta_2}},$$

$$\iint_{\sigma_3} \frac{dx\,dy}{\sqrt{\dfrac{b_1}{\nu} y^2 - \dfrac{b_2}{\nu} x^2 + \beta_3}},$$

il suffit que σ_1, σ_2, σ_3 soient limitées par les projections sur les plans coordonnés d'une ligne quelconque de la surface

$$\lambda x \sqrt{\frac{b_2}{\lambda} z^2 - \frac{b_3}{\lambda} y^2 + \beta_1}$$

$$+ \mu x \sqrt{\frac{b_3}{\mu} x^2 - \frac{b_1}{\mu} z^2 + \beta_2}$$

$$+ \nu x \sqrt{\frac{b_1}{\nu} y^2 - \frac{b_2}{\nu} x^2 + \beta_3} = \text{const.}$$

avec $\lambda + \mu + \nu = 0$, pour que la somme des trois intégrales soit constante.

d. Il est connu que, à chaque solution de l'équation

$$(1) \qquad \frac{\partial^2 u}{\partial x^2} + \frac{\partial^2 u}{\partial y^2} = 0,$$

correspond une *fonction conjuguée* v. Si nous regardons u comme un potentiel logarithmique, la différence des valeurs de v en deux points mesure le nombre des lignes de force qui passent

---

([1]) V. Volterra, *Un teorema sugli integrali multipli* (*Atti Acc. Torino*, 1897).

entre les deux points. De même on peut démontrer que, à chaque
solution de l'équation

$$\frac{\partial^2 U}{\partial x^2} + \frac{\partial^2 U}{\partial y^2} + \frac{\partial^2 U}{\partial z^2} = 0,$$

correspond une fonction V des lignes fermées de l'espace qui lui
est conjuguée. U étant un potentiel newtonien, V mesure le
nombre des lignes de force qui passent à l'intérieur de chaque
ligne fermée.

Les relations connues entre u et v s'étendent aux fonctions U
et V.

On peut passer aussi au cas de l'équation plus générale

$$\sum_{i=1}^{n} \frac{\partial^2 u}{\partial x_i^2} = 0$$

en considérant des fonctions des hyperespaces. C'est par là que
ressort le rôle des différents ordres de connexion des espaces à
plusieurs dimensions dans la théorie des potentiels ([1]).

e. Un cas plus général que celui que nous avons envisagé en *b*
a été traité par M. Fréchet en utilisant la théorie générale des
fonctions des hyperespaces ([2]).

M. de Donder a généralisé les méthodes précédentes par l'emploi des invariants intégraux de M. Poincaré ([3]).

f. La théorie des fonctions des lignes et des surfaces a servi à
M. Hadamard pour calculer la variation infinitésimale des fonctions de Green et de Neumann et de la fonction de Green de
l'élasticité lorsqu'on fait varier la forme des domaines auxquels
elles correspondent ([4]).

Tout récemment M. P. Lévy est revenu sur ces questions dans
sa Thèse de doctorat (Paris, 1911).

([1]) V. VOLTERRA, *Leçons Stockholm*, 1906; Leçon V.

([2]) *Annali di Matematica di Milano*, t. XI, 3ᵉ série, 1904.

([3]) *Bulletin de l'Académie royale de Belgique* (Classe des Sciences), n° 6,
juin 1906.

([4]) HADAMARD, *Leçons sur le calcul des variations*, Paris, 1910. — *Recueil des
Mémoires présentés par des Savants étrangers*, 1908.

IV. — Quelques exemples de fonctions
qui dépendent de toutes les valeurs d'autres fonctions.
Notations.

En reprenant l'étude des fonctions qui dépendent de toutes les valeurs d'autres fonctions, remarquons qu'en général il n'existe pas de loi, de caractère analytique, qui donne la valeur de la quantité envisagée pour toutes les valeurs de la fonction donnée. Dans quelques cas seulement il y a une dépendance analytique : par exemple, lorsque, par des quadratures ou par des intégrations d'équations différentielles qui contiennent la fonction donnée, on peut passer des valeurs de celle-ci à la valeur de la quantité qu'on envisage. L'expression

$$I = \int_a^b \varphi(x)\, dx$$

est fonction de toutes les valeurs que $\varphi(x)$ prend dans l'intervalle (a, b). De même

$$I = \int_a^b F(x)\,\varphi(x)\, dx,$$

où la forme de $F(x)$ demeure constante. C'est la *forme de $\varphi(x)$* qui règle la variabilité de I. En d'autres termes, I dépend des ordonnées en nombre infini de la ligne

$$y = \varphi(x),$$

I *dépend d'un nombre infini de variables.* Nous développerons cette idée, due à Volterra, dans la théorie des *équations intégrales,* où nous verrons, d'une manière plus générale, que les problèmes relatifs à I se présentent nécessairement *sous forme de passage à la limite* comme conséquence de la définition même de l'intégrale définie.

On peut donner d'autres exemples. Prenons l'intégrale générale de l'équation

$$F[x, y, y', y'', \ldots, \varphi(x)] = 0,$$

et supposons données les valeurs $y_0, y'_0, \ldots, y_0^{(n-1)}$ de $y, y', \ldots,$ $y^{(n-1)}$ pour $x = x_0$.

$y(x)$ dépendra non seulement de la variable x et des valeurs initiales $y_0, y'_0, \ldots, y_0^{(n-1)}$, mais encore de la forme de $\varphi(x)$ dans l'intervalle (x_0, x).

Le cas que nous avons considéré de l'intégrale

$$\int_a^b \varphi(x)\,F(x)\,dx$$

n'est qu'un cas particulier du précédent lorsqu'on envisage l'équation différentielle

$$\frac{dy}{dx} = \varphi(x)\,F(x).$$

Pour une intégrale double

$$\int\int_{(\Sigma)} \varphi(x,y)\,dx\,dy$$

étendue à l'aire plane (Σ), la limite est le contour (c) de (Σ); si cette ligne contour se déforme d'une façon continue, l'intégrale est *fonction de cette ligne* (*cf.* § III, *b*).

De même l'intégrale multiple

$$\int\int\cdots\int_{(N)} \varphi(x_1, x_2, \ldots, x_n)\,dx_1\,dx_2\ldots dx_n,$$

étendue à un hyperespace (N) à n dimensions, est *fonction des hyperespaces* qui forment le contour du domaine d'intégration.

Lorsqu'une quantité F dépendra de toutes les valeurs d'une fonction $\varphi(x)$ définie dans un intervalle (a, b), nous écrirons

$$(1) \qquad F = F\,|\,[\varphi(x)]\,|_a^b$$

ou bien

$$F\,|\,[\varphi(x)]\,|.$$

Si F est aussi fonction d'un paramètre ξ, on écrira

$$(2) \qquad F = F\,|\,[\varphi(x), \xi]\,|_a^b.$$

En général, si F dépend de plusieurs fonctions $\varphi_1(x)$, $\varphi_2(x), \ldots, \varphi_n(x)$ définies respectivement dans les intervalles $(a_1, b_1), (a_2, b_2), \ldots, (a_n, b_n)$, et de plusieurs paramètres $\xi_1, \ldots, \xi_m$, on écrira

$$(3) \qquad F = F \big| [\, \overset{b_1}{\underset{a_1}{\varphi_1(x)}}, \ldots, \overset{b_n}{\underset{a_n}{\varphi_n(x)}}; \xi_1, \ldots, \xi_m] \big|.$$

Dans l'étude de ces quantités nous supposerons toujours que les fonctions $\varphi_1(x)$, ..., $\varphi_n(x)$ soient *continues* et assujetties à ne prendre que des variations continues.

D'une façon analogue on écrira, dans le cas où F dépend de toutes les valeurs d'une fonction de plusieurs variables dans un domaine (N),

$$(4) \qquad F = F \big| [\, \underset{(N)}{\varphi(x_1, x_2, \ldots, x_n)}] \big|,$$

et si F dépend de plusieurs fonctions de plusieurs variables et d'un certain nombre de paramètres on fera usage d'une notation analogue.

V. — VARIATION D'UNE FONCTION
QUI DÉPEND DE TOUTES LES VALEURS D'AUTRES FONCTIONS.

Pour étudier les propriétés générales de ces fonctions nous partirons de l'idée générale de les considérer comme des cas limites des fonctions de plusieurs variables lorsque le nombre de ces variables croît indéfiniment.

Continuité. — Une quantité

$$F = F \big| [\, \overset{b}{\underset{a}{\varphi(x)}}] \big|$$

est continue, lorsque, étant donnée une quantité σ aussi petite qu'on voudra, on pourra déterminer ε de telle sorte que, la variation de $\varphi(x)$ étant

$$| \varphi_1(x) - \varphi(x) | < \varepsilon, \quad \cdot$$

on ait

$$\big| F[[\varphi_1(x)]] - F[[\varphi(x)]] \big| < \sigma.$$

De même, nous dirons que

$$F = F \big| [\, \overset{b_1}{\underset{a_1}{\varphi_1(x)}}, \ldots, \overset{b_n}{\underset{a_n}{\varphi_n(x)}}; \xi_1, \ldots, \xi_m] \big|$$

est continue, lorsque étant donnée σ on peut déterminer ε de telle sorte que, les variations des $\varphi_i(x)$ et des ξ_h étant respectivement

$$|\psi_i(x)| < \varepsilon \qquad (i = 1, 2, \ldots, n),$$
$$|\chi_h| < \varepsilon \qquad (h = 1, 2, \ldots, n),$$

la variation correspondante de F soit inférieure à σ [1].

Sans doute, l'idée de *continuité* n'est pas épuisée par cette définition, mais elle nous suffira pour étudier un grand nombre de questions importantes. Par exemple, de même que pour les *fonctions ordinaires* (ou *fonctions de points*) en s'appuyant sur la notion de continuité, on étudie les *ensembles de points* et les *points frontières;* de même dans ce cas on étudiera les *ensembles de lignes* et les *lignes frontières* [2].

On peut donner une forme géométrique à la définition de la continuité quand on envisage F comme une fonction d'une ligne L, c'est-à-dire quand on pose

$$F = F|[L]|.$$

Soit L une ligne *fermée,* dépourvue de *nœuds* appartenant à un certain espace à trois dimensions. Soit une autre ligne L', toujours voisine de L, qui en se déplaçant décrit une surface tubulaire ϖ contenant L dans son intérieur : l'espace (Ω) compris dans (ϖ) est appelé *domaine de la ligne* L. Toute ligne qui, comme L, traverse en direction longitudinale l'espace (Ω), est appelée *ligne longitudinale de* (Ω).

La *fonction de ligne*

$$F|[L]|$$

est continue lorsque, étant fixé un nombre δ aussi petit qu'on veut, on peut trouver un domaine (Ω) de L tel que les valeurs de F correspondantes à toute ligne longitudinale de (Ω) diffèrent de la valeur de F en L moins que δ.

Dérivation. — Soit

$$F = F|[\varphi(x)]|\overset{b}{\underset{a}{}}$$

---

[1] Il n'est pas exclu, dans cette définition, que $\varphi_2(x)$ soit, par exemple, la dérivée de $\varphi_1(x)$, etc.

[2] C. Arzela (*Mem. Istit. Bologna*, 1894) fut le premier à étudier les *fonctions de lignes* relativement à leurs valeurs frontières. M. Fréchet (*Comptes rendus*, 2ᵉ sem. 1904) étendit le théorème de Weierstrass sur la limite maximum (minimum) d'une fonction réelle continue aux opérations fonctionnelles continues.

et calculons l'*accroissement* de F correspondant à l'*accroissement* de $\varphi(x)$: si (*fig.* 1) AMCNB représente la ligne

$$y = \varphi(x)$$

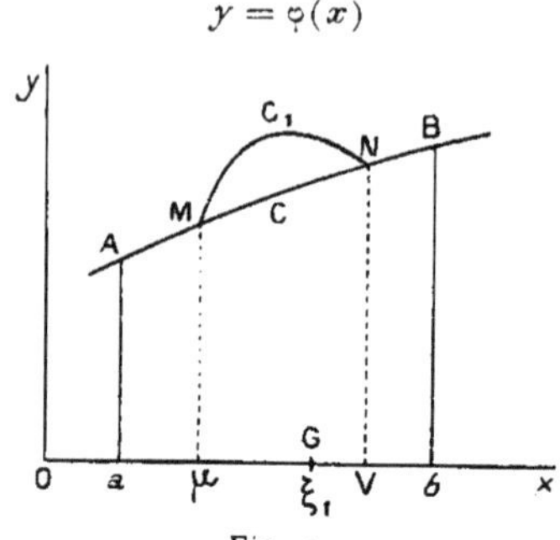

Fig. 1.

choisissons une portion $h = (\mu, \nu)$, de l'intervalle (a, b) contenant
un point G. Changeons φ dans l'intervalle h et soit $\psi(x)$ la variation de φ dans cet intervalle.

Nous supposerons que $\psi(x)$ est continue, ne change pas de
signe et que l'on a $|\psi(x)| < \varepsilon$. La courbe nouvelle ayant pour
équation

$$y = \varphi_1(x),$$

représentée par AMC₁NB, ne sera donc que la courbe primitive
déformée dans la partie MN. Nous appellerons *accroissement* de F
l'expression

$$(1) \qquad \Delta F = F\,|\,[\varphi_1(x)]\,|\,-F\,|\,[\varphi(x)]\,|,$$

et, en désignant par σ la *variation de l'aire* dans l'intervalle
(a, b),

$$\sigma = \int_{\mu}^{\nu} [\varphi_1(x) - \varphi(x)]\, dx,$$

on appellera *rapport des accroissements* la quantité

$$\frac{\Delta F}{\sigma}.$$

Supposons que si l'on fait tendre l'intervalle (μ, ν) vers le
point G d'abscisse ξ_1 et φ_1 vers φ, la limite du rapport des accroissements existe. Nous appellerons cette limite *dérivée de* F au

point G. Cette dérivée dépendra de $\varphi(x)$ et de ξ_1; c'est pourquoi
on l'écrira

$$(2) \qquad \lim_{\substack{h=0 \\ \varepsilon=0}} \frac{\Delta F}{\sigma} = F'|[\varphi(x), \xi_1]|.$$

Ce résultat était à prévoir si l'on se rappelle qu'on peut regarder F comme une fonction d'une infinité de variables, cas limite
des fonctions de plusieurs variables. On reconnaît alors que ce que
nous venons de faire correspond à une opération de dérivation
partielle.

Or une fonction de n variables x_1, x_2, ..., x_n, a n dérivées
partielles dont chacune correspond à la variation d'une seule
variable : dans le cas des F on a une *infinité de dérivées qui
dépendent de* ξ (*indice du point* G) parce que nous n'avons varié
que l'élément correspondant à G. Le nombre ξ joue ici le même
rôle que l'indice de la variable par rapport à laquelle on fait la
dérivation partielle.

On peut définir d'une manière analogue la dérivée première
d'une fonction F de toutes les valeurs d'une fonction de plusieurs
variables. Pour les fonctions des lignes dans les espaces à trois
dimensions, on peut aussi envisager les opérations de dérivation
d'une autre manière que celle que nous venons de considérer.
Nous nous dispenserons d'en parler ici.

Reprenons l'expression de la première dérivée de F

$$F' = F'|[\varphi(\overset{b}{\underset{a}{x}}), \xi_1]|;$$

et laissant fixe ξ_1 faisons varier $\varphi(x)$; si F' est assujettie à des
conditions analogues à celles posées plus haut pour F, elle aura
une dérivée

$$(3) \ . \ . \qquad F'' = F''|[\varphi(x); \xi_1, \xi_2]|,$$

qu'on appellera *dérivée deuxième de* F : elle contient *deux paramètres* ξ_1, ξ_2.

En continuant ainsi on trouve la *dérivée* $n^{\text{ième}}$ *de* F

$$(4) \qquad F^{(n)}|[\varphi(\overset{b}{\underset{a}{x}}); \xi_1, \xi_2, ..., \xi_n]|$$

qui dépend de la fonction $\varphi(x)$ et de n *paramètres*.

On démontre, sous certaines conditions, que *ces dérivées succes-sives sont des fonctions symétriques par rapport aux para-mètres*. Cette propriété correspond à celle de l'inversion de l'ordre de dérivation.

VI. — APPLICATION DES IDÉES DE DÉRIVATION A UNE CLASSE SPÉCIALE DE FONCTIONS F.

Les fonctions définies par

$$(1) \qquad F\,|\,[\varphi(x)]| \;=\; \left|\int_a^b\right|_{(p)} \psi(x_1, \ldots, x_p)\prod_{i=1}^p \varphi(x_i)\,dx_i,$$

où ψ a une forme invariable, et où

$$\left|\int_a^b\right|_{(p)} = \int_a^b \int_a^b \cdots \int_a^b$$

jouent un rôle remarquable dans cette théorie; elles sont de degré p en $\varphi(x)$ et correspondent *au cas limite d'une forme algé-brique homogène de $p^{\text{ième}}$ degré*

$$(2) \qquad \Theta = \sum_{i_1=1}^n \sum_{i_2=1}^n \cdots \sum_{i_p=1}^n a_{i_1 i_2 \ldots i_p} y_{i_1} y_{i_2} \ldots y_{i_p}.$$

En effet, divisons l'intervalle ab dans les intervalles $h_1, h_2, \ldots, h_n$, et désignons par x_{i_1} une valeur de x dans l'intervalle $h_{i_1}(i_1 = 1, 2, \ldots, n)$. Prenons

$$a_{i_1 i_2 \ldots i_p} = \psi(x_{i_1}, x_{i_2}, \ldots, x_{i_p})\, h_{i_1} h_{i_2} \ldots h_{i_p}, \qquad y_{i_r} = \varphi(x_{i_r}),$$

on aura

$$\Theta = \sum_{i_1=1}^n \sum_{i_2=1}^n \cdots \sum_{i_p=1}^n \psi(x_{i_1}, x_{i_2}, \ldots, x_{i_p})\varphi(x_{i_1})\varphi(x_{i_2})\ldots\varphi(x_{i_p}) h_{i_1} h_{i_2} \ldots h_{i_p}.$$

En faisant diminuer indéfiniment $h_1, h_2, \ldots, h_n$, on aura

$$\lim \Theta = F\,|\,[\varphi(x)]|.$$

Remarquons d'abord qu'*on peut toujours supposer la fonc-tion ψ symétrique par rapport à $x_1, x_2, \ldots, x_p$.*

En effet, si ψ n'est pas symétrique, puisque toutes les intégrations sont étendues à (a, b), on peut les échanger et écrire $p\,!$ permutations de la forme

$$\left| \int_a^b \right|_{(p)} \psi_j(\underset{1}{x_r}, \underset{2}{x_s}, \ldots, \underset{p}{x_t}) \prod_{i=1}^p \varphi(x_i)\, dx_i \qquad [j = 1, 2, \ldots, (p\,!)].$$

En ajoutant toutes ces expressions équivalentes on a

$$\left| \int_a^b \right|_{(p)} \sum_{j=1}^{j=p\,!} \psi_j(x_r, x_s, \ldots, x_t) \prod_{i=1}^p \varphi(x_i)\, dx_i,$$

et si nous posons

$$(3) \qquad \frac{1}{p\,!} \sum_{j=1}^{j=p\,!} \psi_j = \Phi(x_1, x_2, \ldots, x_p),$$

l'expression primitive (1) prend la forme

$$(1') \qquad \mathrm{F}\,|\,[\varphi(x)]\,| = \left| \int_a^b \right|_{(p)} \Phi(x_1, \ldots, x_p) \prod_{i=1}^p \varphi(x_i)\, dx_i,$$

où la fonction Φ, d'après la relation (3), est *symétrique par rapport à* $x_1, x_2, \ldots, x_n$.

Calculons maintenant les *dérivées* de F définie par (1).

Si la fonction $\varphi(x)$ reçoit dans l'intervalle $h = (\mu, \nu)$ l'accroissement $\chi(x)$ *infiniment petit du premier ordre*, on aura

$$\varphi_1(x_i) = \varphi(x_i) + \chi(x_i) \qquad (i = 1, 2, \ldots, p);$$

en y substituant φ_1 au lieu de φ l'expression de F deviendra

$$\mathrm{F}_1\,|\,[\varphi_1(x)]\,| = \left| \int_a^b \right|_{(p)} \psi(x_1, \ldots, x_p) \prod_{i=1}^p [\varphi(x_i) + \chi(x_i)]\, dx_i,$$

et en développant les produits, d'après la symétrie de ψ on trouvera

$$\mathrm{F}_1 = \left| \int_a^b \right|_{(p)} \psi(x_1, \ldots, x_p) \sum_{k=0}^{k=p} \binom{p}{k} \prod_{j=1}^{p-k} \varphi(x_j) \prod_{i=p-k+1}^p \chi(x_i)\, dx_1\, dx_2 \ldots dx_p$$

$$= \left| \int_a^b \right|_{(p)} \psi(x_1, x_2, \ldots, x_p) \prod_{j=1}^{j=p} \varphi(x_j)\, dx_j$$

$$+ \left| \int_a^b \right|_{(p)} \psi(x_1, \ldots, x_p) \sum_{k=1}^{k=p} \binom{p}{k} \prod_{j=1}^{p-k} \varphi(x_j) \prod_{i=p-k+1}^p \chi(x_i)\, dx_1 \ldots dx_p,$$

ce qu'on peut écrire

$$F_1 = F + \Delta F.$$

L'accroissement ΔF est donc composé de p termes dont le *premier* est du premier degré par rapport à ψ, et les $(p-1)$ autres sont du deuxième, troisième, ..., degré. En négligeant les termes de degré supérieur au premier, nous aurons

$$\Delta F = p \left| \int_a^b \right|_{(p)} \psi(x_1, \ldots, x_p) \prod_1^{p-1} [\varphi(x_i)] \chi(x_p)\, dx_1 \ldots dx_p,$$

mais $\chi(x_p)$ est nulle hors de l'intervalle $h = (\mu\nu)$; donc

$$\Delta F = p \int_\mu^\nu \chi(x_p)\, dx_p \left| \int_a^b \right|_{(p-1)} \psi(x_1, \ldots, x_p) \prod_{i=1}^{p-1} \varphi(x_i)\, dx_i$$

et si $\psi(x_p)$ conserve *toujours le même signe*, en désignant par ξ_1 un point de l'intervalle (μ, ν), d'après le *premier théorème de la moyenne*, on a

$$\Delta F = p \left[\left| \int_a^b \right|_{(p-1)} \psi(x_1, \ldots, x_p) \prod_{i=1}^{p-1} \varphi(x_i)\, dx_i \right]_{x_p = \xi_1} \int_\mu^\nu \chi(x_p)\, dx_p,$$

mais le deuxième facteur représente *l'accroissement σ de l'aire* de la courbe $\varphi(x)$; donc nous avons

$$(4) \quad \lim \left(\frac{\Delta F}{\sigma} \right)_{\xi_1} = F' \left| \left[\varphi(x), \xi_1 \right]_a^b \right|$$

$$= p \left| \int_a^b \right|_{(p-1)} \psi(x_1, x_2, \ldots, x_{p-1}, \xi_1) \prod_{i=1}^{p-1} \varphi(x_i)\, dx_i.$$

Par conséquent, la *dérivée première* de la fonction F définie par (1) *contient un paramètre et est une fonction de degré* $(p-1)$ *en* $\varphi(x)$.

Comme conséquence de la formule (4) on peut calculer les dérivées deuxième, troisième, ..., $n^{\text{ième}}$, et l'on trouve

$$(5) \quad F^{(n)} = p(p-1) \ldots (p-n+1)$$

$$\times \left| \int_a^b \right|_{(p-n)} \psi(x_1, \ldots, x_{p-n}; \xi_1, \xi_2, \ldots, \xi_n) \prod_{i=1}^{p-n} \varphi(x_i)\, dx_i.$$

En donnant au degré p les valeurs $1, 2, 3, \ldots$, on peut former le Tableau suivant :

$$F'_1 = \Psi(\xi_1),$$

$$F'_2 = 2 \int_a^b \Psi(x_1, \xi_1)\, \varphi(x_1)\, dx_1,$$

$$F'_3 = 3 \int_a^b \int_a^b \Psi(x_1, x_2, \xi_1)\, \varphi(x_1)\, \varphi(x_2)\, dx_1\, dx_2,$$

$$\ldots\ldots\ldots\ldots\ldots\ldots\ldots\ldots\ldots\ldots\ldots\ldots\ldots\ldots,$$

$$F''_1 = 0,$$

$$F''_2 = 2\Psi(\xi_1, \xi_2),$$

$$F''_3 = 2.3 \int_a^b \Psi(x_1, \xi_1, \xi_2)\, \varphi(x_1)\, dx_1,$$

$$\ldots\ldots\ldots\ldots\ldots\ldots\ldots\ldots\ldots\ldots\ldots\ldots$$

En résumé, on conclut :

La dérivée $n^{ième}$ d'une fonction F_p est une fonction $F^{(n)}$ de degré $(p - n)$ en $\varphi(x)$ et dépendant de n paramètres, par rapport auxquels elle est fonction symétrique, comme il résulte du Tableau ci-dessus. En d'autres termes, *la valeur de la dérivée reste la même si l'on change l'ordre de dérivation.*

Cette propriété, qui est ainsi démontrée pour les fonctions (1), est commune aux fonctions $F|[\varphi(x)]|$ les plus générales; mais nous renverrons le lecteur désireux de s'en rendre compte à la démonstration donnée par M. Volterra ([1]).

De même qu'on peut associer par addition les *formes homogènes algébriques des divers degrés*, nous pouvons ici former la fonction

$$(6) \qquad F_{(p)} = \sum_{j=1}^{p} \left| \int_a^b \right|_{(j)} \psi_j(x_1, x_2, \ldots, x_j) \prod_{i=1}^{i=j} \varphi(x_i)\, dx_i,$$

en associant p fonctions respectivement du $1^{er}, 2^e, \ldots, p^{ième}$ degré. Nous aurons les dérivées de $F_{(p)}$ en dérivant successivement les

---

([1]) V. Volterra, *Rendic. Lincei*, 2e sem., 1887, p. 104.

termes, c'est pourquoi

$$F_{(p)}^{n} = n!\,\psi_n(\xi_1, \ldots, \xi_n) + \sum_{j=n+1}^{j=p} j(j-1)\ldots(j-n+1)$$

$$\times \left| \int_a^b \right|_{(j-n)} \psi_j(x_1, \ldots, x_{j-n}; \xi_1, \ldots, \xi_n) \prod_{i=1}^{i=j-n} \varphi(x_i)\,dx_i \qquad (n < p).$$

Dans le cas où les termes de la somme sont en nombre infini, soit lorsqu'*on a affaire à une série*, il faut s'assurer qu'elle est convergente et dérivable terme à terme. Si nous avons une série de la forme

$$\sum_{p=1}^{\infty} \frac{1}{p!}\left[\sum_{i_1=1}^{n} \sum_{i_2=1}^{n} \cdots \sum_{i_3=1}^{n} a_{i_1 i_2 \ldots i_p} y_{i_1} y_{i_2} \cdots, y_{i_p} \right],$$

elle sera convergente et dérivable terme à terme

$$|y_{i_n}| < M, \qquad |a_{i_1 i_2 \ldots i_p}| < N.$$

Pour les fonctions F, supposons

$$|\varphi(x)| < M, \qquad |\psi(x_1, \ldots, x_n)| < N$$

et envisageons la série

$$(7) \qquad F\,|\,[\varphi(\overset{a}{\underset{b}{x}})]\,| = \sum_{j=1}^{\infty} \frac{1}{j!}\left| \int_a^b \right|_{(j)} \psi_j(x_1, \ldots, x_j) \prod_{i=1}^{j} \varphi(x_i)\,dx_i.$$

Elle sera *uniformément convergente*. Voyons si elle est dérivable terme à terme : pour cela construisons la série des dérivées premières de tous les termes

$$\psi_1(\xi_1) + \sum_{j=2}^{\infty} \frac{1}{(j-1)!}\left| \int_a^b \right|_{(j-1)} \psi_j(x_1, \ldots, x_{j-1}, \xi_1) \prod_{i=1}^{j-1} \varphi(x_i)\,dx_i.$$

Celle-ci est uniformément convergente; donc la dérivation appliquée terme à terme conduit à la dérivée première de F

$$F'\,|\,[\varphi(x), \xi_1]\,|.$$

De même, on obtient pour la dérivée $n^{\text{ième}}$ une série uniformément convergente

$$F^{(n)}|[\varphi(x), \xi_1, \ldots, \xi_n]|$$
$$= \psi_n(\xi_1, \ldots, \xi_n) + \sum_{j=n+1}^{\infty} \frac{1}{(j-n)!}$$
$$\times \left| \int_a^b \right| \psi_j(x_1, \ldots, x_{j-n}; \xi_1, \ldots, \xi_n) \prod_{i=1}^{j-n} \varphi(x_i)\, dx_i.$$

Les fonctions F définies par (7) ne constituent qu'une classe spé-
ciale de fonctions qui dépendent de toutes les valeurs de $\varphi(x)$: il
y a des fonctions F pour lesquelles le développement (7) n'est
pas valable : par exemple, considérons une fonction F donnée
sous la forme (7) et ajoutons-lui $A\varphi(\xi)$, où ξ est un point de
l'intervalle (a, b) ; on a ainsi une expression qui dépend de toutes
les valeurs de φ dans (a, b) et que l'on peut écrire

$$(8) \qquad \Phi|[\varphi(\overset{b}{\underset{a}{x}})]| = F|[\varphi(\overset{b}{\underset{a}{x}})]| + A\varphi(\xi).$$

Mais Φ **n'est pas de même nature que F**, comme nous le verrons
dans le paragraphe suivant ; pas plus que la fonction

$$(9) \quad \Theta|[\varphi(x)]| = F|[\varphi(x)]| + \sum_i A_i \varphi(\xi_i) + \sum_i B_i \varphi'(\xi_i) + \sum_i C_i \varphi''(\xi_i)$$

où les ξ_i sont des points de l'intervalle (a, b).

VII. — Calcul des variations d'une fonction F.

Envisageons d'une façon générale

$$F = F|[\varphi(\overset{b}{\underset{a}{x}})]|,$$

et faisons varier $\varphi(x)$ dans l'intervalle $h = (\mu, \nu)$ d'une façon
continue, de manière que

$$|\varphi_1(x) - \varphi(x)| < \varepsilon.$$

Soit ΔF la variation correspondante de F ; nous poserons les
conditions suivantes :

I. *Le rapport* $\dfrac{\Delta F}{\varepsilon h}$ *est inférieur à une quantité finie*

$$\left|\frac{\Delta F}{\varepsilon h}\right| < M\,;$$

quels que soient ε *et* h.

II. *Quand on fait décroître infiniment* ε *et* h, *de manière que* h *contienne toujours dans son intérieur un point* $G(\xi_1)$, *le rapport*

$$\frac{\Delta F}{\sigma}$$

où

$$\sigma = \int_{\mu_1}^{\nu} [\varphi_1(x) - \varphi(x)]\, dx$$

et où l'on suppose $\varphi_1(x) - \varphi(x)$ *toujours positif, tend vers une limite déterminée et finie.*

III. *Le rapport* $\dfrac{\Delta F}{\sigma}$ *converge vers sa limite* (que nous avons déjà appelée *dérivée première de* F) *uniformément, par rapport à toute fonction* $\varphi(x)$ *et à* ξ.

IV. *La dérivée* $F|[\varphi(x), \xi]|$ *est continue par rapport à* $\varphi(x)$ *et à* ξ.

Remarquons que dans le cas où la fonction est de la forme (8) ou (9) (§ VI) les quatre conditions fondamentales ne sont pas toutes satisfaites. En effet, en reprenant par exemple l'équation (8), on a

$$\frac{\Delta \Phi}{\varepsilon h} = \frac{\Delta F}{\varepsilon h} + \frac{A[\varphi_1(\xi) - \varphi(\xi)]}{\varepsilon h}\,;$$

or $\left|\dfrac{\Delta F}{\varepsilon h}\right| < M$; mais $\varphi_1(\xi) - \varphi(\xi)$ est en général du même ordre que ε, c'est-à-dire que le rapport $\dfrac{\varphi_1(\xi) - \varphi(\xi)}{\varepsilon h}$ ne reste pas fini lorsque h tend vers zéro : donc la *condition* I n'est pas remplie.

Sous les *conditions* posées précédemment on peut étudier le problème suivant :

En donnant à $\varphi(x)$ une variation $\varepsilon\,\psi(x)$ continue dans l'intervalle (a, b), soit ΔF la variation correspondante de F. Si l'on fait varier ε on peut envisager ΔF comme *fonction* de ε : *déterminer la limite*

$$\lim_{\varepsilon = 0} \frac{\Delta F}{\varepsilon}$$

ou bien

$$\left(\frac{dF}{d\varepsilon} \right)_{\varepsilon = 0}.$$

A cet effet, divisons l'intervalle (a, b) dans un certain nombre de parties et envisageons celles où $\psi(x)$ ne s'annule pas. Nous les désignerons par $h_1, h_2, \ldots, h_n$. L'intervalle $h_i = (\lambda_i, \mu_i)$ pourra à son tour être partagé en trois parties k_i, l_i, m_i. Construisons une fonction $\theta_i(x)$ qui soit nulle dans les intervalles (a, λ_i), (μ_i, b), constamment égale à une valeur de $\psi(x)$ dans l'intervalle l_i, et dans les intervalles k_i et m_i, toujours croissante ou décroissante.

Dans la figure 2 on a représenté par une ligne mince la ligne

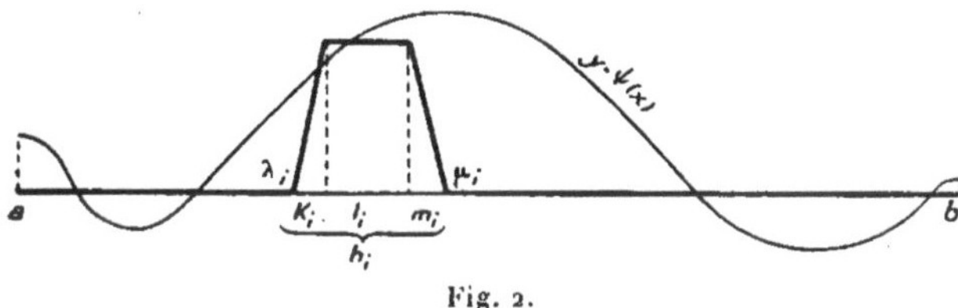

Fig. 2.

$y = \psi(x)$ et par une ligne brisée épaisse la ligne $y = \theta_i(x)$. On peut appeler cette dernière ligne une ligne dentelée avec une dent.

Posons

$$\sum_{i}^{r} \theta_i(x) = \psi_r(x).$$

La ligne ayant pour équation $y = \psi_r(x)$ sera une ligne à r dents.

Remarquons maintenant que

$$A_r = F \big[[\varphi + \varepsilon \psi_r] \big] - F \big[[\varphi + \varepsilon \psi_{r-1}] \big] = \varepsilon \sigma_r F' \big[[\varphi + \varepsilon \psi_{r-1}, \xi_r] \big] + \varepsilon \sigma_r g_r,$$

où ξ_r est un point de l'intervalle h_r,

$$\sigma_r = \int_{\lambda_r}^{\mu_r} \theta_r(x)\, dx$$

et où g_r peut être rendu aussi petit qu'on veut en prenant h_r et ε suffisamment petits. C'est pourquoi

$$\frac{F\,|[\varphi+\varepsilon\psi_n]\,|-F\,|[\varphi]|}{\varepsilon}=\frac{\sum_1^n A_r}{\varepsilon}=\sum_1^n \tau_r\left\{F'\,|[\varphi+\varepsilon\psi_{r-1},\xi_r]|+g_r\right\}.$$

Or si nous remplaçons le premier membre par

$$\frac{F\,|[\varphi+\varepsilon\psi]|-F\,|[\varphi]|}{\varepsilon},$$

c'est-à-dire si nous remplaçons la ligne dentelée $y=\psi_n(x)$ par la ligne $y=\psi(x)$, nous commettrons une erreur aussi petite que l'on voudra en prenant ε suffisamment petit, en poussant suffisamment la division de l'intervalle (a, b) en intervalles partiels et en divisant aussi d'une manière convenable chaque intervalle partiel h_i dans les intervalles k_i, l_i, m_i. De même en remplaçant le dernier membre par

$$\int_a^b F'\,|[\varphi(x),\xi]|\,\psi(\xi)\,d\xi,$$

on pourra commettre une erreur aussi petite que l'on voudra.

On tire de là

$$(1)\qquad \lim_{\varepsilon=0}\frac{F\,|[\varphi+\varepsilon\psi]|-F\,|[\varphi]|}{\varepsilon}=\int_a^b F'\,|[\varphi(x),\xi]|\,\psi(\xi)\,d\xi.$$

On peut écrire aussi

$$\Delta F=\varepsilon\int_a^b F'\,|[\varphi(x),\xi]|\,\psi(\xi)\,d\xi+\gamma,$$

où γ est une quantité infiniment petite d'ordre supérieur à ε; donc ε étant l'infiniment petit principal, la *partie du premier ordre de* ΔF *est*

$$(2)\qquad \delta F\,|[\varphi(x)]|=\varepsilon\int_a^b F'\,|[\varphi(x),\xi]|\,\psi(\xi)\,d\xi,$$

ou bien, en posant

$$\varepsilon\,\psi(\xi)=\delta\varphi(\xi),$$

$$(3)\qquad \delta F\,|[\varphi(x)]|=\int_a^b F'\,|[\varphi(x),\xi]|\,\delta\varphi(\xi)\,d\xi,$$

formule qui donne la *variation première* δF de la fonction F.

En rapprochant ce résultat de l'expression qui donne la variation première d'une *fonction ordinaire* de *n variables*

$$\delta f = \sum_{i=1}^{n} \frac{\partial f}{\partial y_i} \delta y_i,$$

on voit aussi bien dans ce cas que les *fonctions* F *se comportent comme les cas limites des fonctions de plusieurs variables quand le nombre de celles-ci croît indéfiniment.*

La résolution du problème précédent nous amène à un nouvel ordre d'idées qu'il faut bien préciser : Pour cela remarquons qu'en envisageant la partie du premier ordre de l'accroissement d'une fonction *ordinaire* d'une variable, correspondant à l'accroissement de la variable, nous avons ce qu'on appelle *différentielle de la fonction*. Les recherches, que nous venons d'exposer, sur les fonctions F constituent un pas dans le Calcul fonctionnel, parce qu'elles permettent de généraliser, parallèlement à la notion de *différentielle,* celle de *variation première* ([1]). Les formules (1), (2), (3) sont valables pour toute fonction F assujettie *aux quatre conditions fondamentales.* Mais si les fonctions ne satisfont pas à ces conditions, par exemple sont définies par les formules (8) ou (9) (§ VI), on peut remarquer que

$$\delta \Phi = \delta F + A \, \delta \, \varphi(\xi),$$
$$\delta \Theta = \delta F + \Sigma_i A_i \, \delta \, \varphi(\xi_i) + \Sigma_i B_i \, \delta \, \varphi'(\xi_i) + \Sigma_i C_i \, \delta \, \varphi''(\xi_i),$$

où

$$\delta F = \int_a^b F' | [\varphi(x), \xi] | \, \delta \, \psi(\xi) \, d\xi,$$

c'est-à-dire que les fonctions de la forme (8) et (9) ont leur variation première sous la forme d'une intégrale définie à laquelle on a ajouté d'autres termes.

Nous avons trouvé

$$\left(\frac{dF}{d\varepsilon} \right)_{\varepsilon = 0} = \int_a^b F' | [\varphi(x), \xi] | \psi(\xi) \, d\xi ;$$

d'une manière analogue, en posant d'autres conditions semblables

---

([1]) Comparer à ce propos ce que dit M. J. HADAMARD, *Avant-propos* au Tome I des *Leçons sur le Calcul des variations.* Paris, 1910.

à celles que nous avons énoncées précédemment, on a

$$(4) \qquad \left(\frac{d^n F}{d\varepsilon^n}\right)_{\varepsilon=0} = \left|\int_a^b\right|_{(n)} F^{(n)} \,|\,[\varphi(x), \xi_1, ..., \xi_n]\,|\, \prod_{i=1}^{n} \psi(\xi_i)\, d\xi_i.$$

Et, comme $F^{(n)}$ est *symétrique* par rappport à ξ_1, ξ_2, ..., ξ_n, nous voyons que $\left(\frac{d^n F}{d\varepsilon^n}\right)_{\varepsilon=0}$ appartient à la classe de fonctions F définies par $(1')$ [§ VI] lorsqu'on suppose $\varphi(x)$ invariable.

On pourrait étendre cette théorie des variations à une fonction F qui dépend d'une fonction de plusieurs variables ou qui dépend de plusieurs fonctions de plusieurs variables ; mais cette extension ne présentant aucune difficulté, nous la laisserons de côté.

Enfin dans le cas où F est une *fonction de ligne* $F|[L]|$ assujettie à *quatre conditions* analogues à celles que nous avons posées à la page 20, en supposant

$$\delta x = \varepsilon\xi, \qquad \delta y = \varepsilon\eta, \qquad \delta y = \varepsilon\zeta,$$

on trouve aisément que

$$(5) \qquad \lim \frac{\partial F}{\varepsilon} = \int_L (X\xi + Y\eta + Z\zeta)\, ds$$

et la *variation première de* F est

$$(6) \qquad \delta F\,|\,[L]\,| = \int_L (X\,\delta x + Y\,\delta y + Z\,\delta z)\, ds\,(^1).$$

VIII. — EXTENSION DE LA FORMULE DE TAYLOR.

Envisageons

$$F\,|\,[\varphi(x) + \varepsilon\,\psi(x)]\,|$$

comme *fonction de* ε, et supposons que $F\,|\,[\varphi(x)]\,|$ soit dérivable et assujettie aux conditions posées précédemment. Alors nous

---

(^{1}) Pour les détails des démonstrations, *voir* VOLTERRA, *Sopra le funzioni che dipendono da altre funzioni*, Nota I (*Rend. Lincei*, 1887).

pouvons appliquer la *formule de Taylor*

$$F_{\varepsilon=1} = F_{\varepsilon=0} + \sum_{j=1}^{n} \frac{1}{j!} \left(\frac{d^j F}{d\varepsilon^j} \right)_{\varepsilon=0} + \frac{1}{(n+1)!} \left(\frac{d^{n+1} F}{d\varepsilon^{n+1}} \right)_{\varepsilon=0},$$

θ étant compris entre o et 1.

D'après (4) (§ VII) on a donc

$$(1) \quad F\,|[\varphi(x) + \psi(x)]\,|$$

$$= F\,|[\varphi(x)]\,| + \sum_{j=1}^{n} \frac{1}{j!} \left| \int_a^b \right|_{(j)} F^{(j)}\,|[\varphi(x), \xi_1, \ldots, \xi_j]\,| \prod_{i=1}^{i=j} \psi(\xi_i)\, d\xi_i$$

$$+ \frac{1}{(n+1)!} \left| \int_a^b \right|_{(n+1)} F^{(n+1)}\,|[\varphi(x) + \theta\,\psi(x), \xi_1, \ldots, \xi_{n+1}]\,| \prod_{i=1}^{n+1} \psi(\xi_i)\, d\xi_i.$$

Si, *n* augmentant indéfiniment, le dernier terme tend vers zéro,

$$(2) \quad F\,|[\varphi(x) + \psi(x)]\,|$$

$$= F\,|[\varphi(x)]\,| + \sum_{j=1}^{\infty} \frac{1}{j!} \left| \int_a^b \right|_{(j)} F^{(j)}\,|[\varphi(x), \xi_1, \ldots, \xi_j]\,| \prod_{i=1}^{j} \psi(\xi_i)\, d\xi_i.$$

Cette formule donne l'extension de la *série de Taylor* aux fonctions qui dépendent de toutes les valeurs d'une fonction.

Les termes du second membre sont des fonctions de *divers degrés* en $\psi(x)$ et l'on peut, supposant $\varphi(x)$ invariable, considérer F comme une quantité qui ne dépend que de $\psi(x)$. Le développement (2) est alors de la même forme que la série (7) [§ VI].

Si nous prenons $\varphi(x) = 0$ nous trouvons

$$(2') \quad F\,|[\psi(x)]\,| = F(0) + \sum_{j=1}^{\infty} \frac{1}{j!} \left| \int_a^b \right|_{(j)} F^{(j)}(\xi_1, \ldots, \xi_i) \prod_1^{i} \psi(\xi_j)\, d\xi_j$$

qui correspond à la série de Mac Laurin.

Il est intéressant de comparer les séries (2) et (2′) avec les séries de Taylor et de Mac Laurin relatives aux fonctions de plusieurs variables. En remplaçant dans celles-ci les sommes simples, doubles, triples, etc., par des intégrales simples, doubles, triples, etc., on arrive aux séries (2) et (2′).

Cela montre une fois de plus que les fonctions qui dépendent de toutes les valeurs d'une fonction ressortent des fonctions de plusieurs variables par un passage à la limite correspondant au passage à la limite que l'on fait dans le calcul intégral pour passer d'une somme à une intégrale.

Les termes du développement (2) sont les résultats d'opérations fonctionnelles appliquées à $\psi(x)$: la première intégrale correspond évidemment à une opération distributive. Les autres termes correspondent à des opérations d'un ordre toujours plus élévé.

IX. — Points exceptionnels.

Il arrive quelquefois que la *condition* I (§ VII) n'est pas remplie pour les domaines de quelques points de l'intervalle (a, b). Nous en avons vu des exemples dans le paragraphe précédent. Pour envisager le cas le plus simple possible, supposons que, si l'on exclut de (a, b) le point c par un domaine h aussi petit qu'on veut, les *quatre conditions* soient remplies dans les autres parties de l'intervalle. On appellera le point c *point exceptionnel*.

Cela posé, on peut distinguer plusieurs cas :

a. Si, quand la variation de $\varphi(x)$ a lieu dans l'intervalle h et est plus petite que ε, on a toujours

$$\lim_{\substack{h=0 \\ \varepsilon=0}} \frac{\Delta F}{\varepsilon} = 0 ;$$

alors, pour toute variation de $\varphi(x)$ dans l'intervalle (a, b), la formule (3) du paragraphe VII est valable.

b. Si l'on a

$$\lim_{\substack{h=0 \\ \varepsilon=0}} \frac{\Delta F}{\varepsilon} = a_0 \lim \frac{\rho}{\varepsilon},$$

où ρ désigne la valeur de la variation de $\varphi(x)$ au point exceptionnel c, alors

$$F\,|[\varphi(x)]| - a_0\,\varphi(x_1),$$

x_1 étant l'abscisse du point exceptionnel, vérifie la condition précédente et par suite

$$\delta F = \int_a^b F'|[\varphi(x),\xi]|\,\delta\varphi(\xi)\,d\xi + a_0\,\delta\varphi(x_1).$$

c. Supposons que les dérivées successives de $\varphi(x)$ existent et faisons varier $\varphi(x)$ dans l'intervalle h. Soient $\rho, \rho_1, \rho_2, \ldots, \rho_m$ les valeurs des variations de $\varphi(x)$, $\varphi'(x)$, $\ldots$, $\varphi^{(m)}(x)$ au point exceptionnel c et admettons que les variations de $\varphi(x)$ et de ses dérivées soient plus petites que ε. Si l'on a

$$\lim_{\substack{h=0\\ \varepsilon=0}} \frac{\Delta F}{\varepsilon} = a_0 \lim \frac{\rho}{\varepsilon} + a_1 \lim \frac{\rho_1}{\varepsilon} + \ldots + a_m \lim \frac{\rho_m}{\varepsilon},$$

alors

$$F|[\varphi(x)]| - a_0\varphi(x_1) - a_1\varphi'(x_1) - \ldots, - a_m\varphi^{(m)}(x_1)$$

vérifie la condition a et par suite

$$\delta F = \int_a^b F'|[\varphi(x),\xi]|\,\delta\varphi(\xi)\,d\xi + a_0\,\delta\varphi(x_1) + a_1\,\delta\varphi'(x_1) + \ldots + a_m\,\delta\varphi^{(m)}(x_1).$$

On voit aisément que si, au lieu d'un seul point exceptionnel on en avait plusieurs, on pourrait répéter pour chacun d'eux ce qu'on a dit pour un seul.

Il est bien facile de rattacher à ces résultats les exemples que nous avons donnés dans le paragraphe précédent et que nous avons rappelés plus haut, mais il est évident que ces exemples ne constituent que des cas particuliers des considérations générales que nous venons d'exposer.

Nous allons maintenant démontrer le théorème suivant :

Si $F|[\overset{b}{\underset{a}{\varphi}}(x)]|$ *n'a pas de points exceptionnels et si*

$$F'|[\varphi(x),\xi]|$$

est nulle pour toutes les valeurs de ξ et pour toute fonction $\varphi(x)$, $F|[\varphi(x)]|$ *est une constante.*

Pour démontrer ce théorème, il suffit de remarquer qu'on peut introduire un paramètre z et considérer $F|[\varphi(x) + z\psi(x)]|$. En regardant cette expression comme une fonction $f(z)$, on aura

$$f(1) - f(0) = f'(z),$$

z étant compris entre o et 1. Cela peut s'écrire, en vertu des formules du paragraphe précédent [comparer la formule (1)],

$$(1) \qquad f(1) - f(0) = \int_a^b F'|[\varphi(x) + z\,\psi(x), \xi]|\,\psi(\xi)\,d\xi$$

et puisque $F' = 0$ on aura

$$f(1) = f(0),$$

d'où l'on tire

$$F|[\varphi(x) + \psi(x)]| = F|[\varphi(x)]|,$$

il en résulte bien que F est une constante.

La formule (1) correspond au théorème fondamental de Lagrange du calcul différentiel et la démonstration que nous venons de donner à celle par laquelle on prouve qu'une fonction de plusieurs variables est constante si toutes ses dérivées partielles sont nulles.

Si dans l'intervalle (a, b) il y a des points exceptionnels X_1, X_2, ..., X_n et si en tous les autres points la dérivée $F'|[\varphi(x), \xi]|$ est toujours nulle quelle que soit la fonction $\varphi(x)$, on ne peut plus conclure que F est constante, mais elle sera une fonction ordinaire des valeurs de $\varphi(x)$ et de ses dérivées jusqu'à un certain ordre aux points exceptionnels. Dans ce cas, F cesse d'être une fonction qui dépend d'un nombre infini de variables pour devenir une fonction de fonction du type ordinaire.

Il peut arriver que $F|[\varphi(x)]|$ n'ait pas de points exceptionnels, mais que sa dérivée en ait. Il peut même arriver que la dérivée soit une fonction ordinaire du type que nous venons d'envisager. Un exemple classique est donné par le calcul de la variation de

$$F|[\varphi(x)]|_a^b = \int_a^b \mathcal{F}[\varphi(x), \varphi'(x), \varphi''(x), \ldots, \varphi^{(n)}(x), x]\,dx.$$

On a

$$\delta F = \left(\frac{\partial \mathcal{F}}{\partial \varphi'}\right)_b \delta\varphi(b) + \left(\frac{\partial \mathcal{F}}{\partial \varphi''}\right)_b \delta\varphi'(b) + \ldots + \left(\frac{\partial \mathcal{F}}{\partial \varphi^{(n)}}\right)_b \delta\varphi^{(n-1)}(b)$$

$$- \left(\frac{\partial \mathcal{F}}{\partial \varphi'}\right)_a \delta\varphi(a) + \left(\frac{\partial \mathcal{F}}{\partial \varphi''}\right)_a \delta\varphi'(a) + \ldots + \left(\frac{\partial \mathcal{F}}{\partial \varphi^{(n)}}\right)_a \delta\varphi^{(n-1)}(a)$$

$$+ \int_a^b \left(\frac{\partial \mathcal{F}}{\partial \varphi} - \frac{d}{dx}\frac{\partial \mathcal{F}}{\partial \varphi'} + \frac{d^2}{dx^2}\frac{\partial \mathcal{F}}{\partial \varphi''} - \ldots\right)\delta\varphi(x)\,dx;$$

a et b sont des points exceptionnels. Si nous posons

$$\Psi(x) = \frac{\partial \mathcal{F}}{\partial \varphi} - \frac{d}{dx}\frac{\partial \mathcal{F}}{\partial \varphi'} + \frac{d^2}{dx^2}\frac{\partial \mathcal{F}}{\partial \varphi''} - \ldots,$$

on aura

$$F'|[\varphi(x), \xi]| = \Psi(\xi);$$

on voit bien que F' ne dépend pas de toutes les valeurs de $\varphi(x)$ dans l'intervalle (a, b), mais ne dépend que des valeurs de $\varphi(x)$ et de ses dérivées au point ξ qui est le point exceptionnel et que, par suite, cette fonction est une fonction ordinaire.

X. — Problèmes du calcul des variations des fonctions F.

Le calcul des variations ordinaire rentre comme cas particulier dans la *théorie précédente des fonctions qui dépendent de toutes les valeurs d'une ou de plusieurs fonctions.*

Nous venons de le voir par l'exemple que nous avons donné au paragraphe précédent, et il est bien facile de le constater aussi dans le cas des fonctions de plusieurs variables.

Mais si en général on se pose la condition d'annuler la variation première d'une fonction F, on ne trouve pas toujours des équations différentielles comme dans le calcul des variations ordinaire, on peut aussi trouver des équations intégrales, des équations intégro-différentielles et même des équations d'un type plus compliqué.

Nous allons en donner un exemple particulier.

Envisageons F définie par

$$(1) \quad F|[\overset{b}{\underset{a}{\varphi(x)}}]| = \int_a^b \Psi(x_1)\varphi(x_1)\,dx_1 + \frac{1}{2}\int_a^b\int_a^b \Psi(x_1 x_2)\varphi(x_1)\varphi(x_2)\,dx_1\,dx_2$$

fonction de la classe $(6)\,[\S\,VI]$. *Déterminons $\varphi(x)$ de manière à annuler la variation δF.*

Nous avons

$$(2) \quad \delta F = \int_a^b \Psi(\xi_1)\,\delta\varphi(\xi_1)\,d\xi_1 + \int_a^b\int_a^b \Psi(x_1, \xi_1)\varphi(x_1)\,\delta\varphi(\xi_1)\,d\xi_1\,dx_1$$

$$= \int_a^b\left[\Psi(\xi_1) + \int_a^b \Psi(x_1, \xi_1)\varphi(x_1)\,dx_1\right]\delta\varphi(\xi_1)\,d\xi_1.$$

Donc si $\delta F = 0$, nous avons

$$(3) \quad \Psi(\xi_1) + \int_a^b \Psi(x_1, \xi_1)\varphi(x_1)\,dx_1 = 0.$$

On trouve ainsi une *équation intégrale*. La question proposée équivaut donc à la suivante ([1]) :

Déterminer $\varphi(x)$ *qui satisfait l'équation* (3), c'est-à-dire *faire l'inversion de l'intégrale définie* (3). L'équation (3) est du premier degré en $\varphi(x)$, mais on est conduit de même à une *équation* du $p^{\text{ième}}$ *degré* (§ VII)

$$\Psi(\xi_1) + \sum_{j=r}^{j=p} \frac{1}{(j-1)!} \left| \int_a^b \right|_{(j-1)} \Psi(x_1, \ldots, x_{j-1}, \xi_1) \prod_{i=1}^{j=1} \varphi(x_i)\, dx_i = 0$$

si l'on annule la variation d'une expression de degré $p+1$.

XI. — IDÉES FONDAMENTALES SUR L'INVERSION DES INTÉGRALES DÉFINIES.

Nous avons étudié d'une manière assez étendue les fonctions qui dépendent de toutes les valeurs d'autres fonctions ; dans cet ordre d'idées le premier problème qui se présente est le suivant :

Étant donnée une fonction

$$(1) \qquad F = F\,|[u(x)]|,\,^b_a$$

trouver une fonction $u(x)$ *finie et continue dans l'intervalle* (a, b) *qui vérifie la relation* (1). F désigne ici *l'opération fonctionnelle* appliquée à l'inconnue $u(x)$ et il s'agit de faire l'inversion de l'équation fonctionnelle (1). Le problème correspondant pour les *fonctions ordinaires* consiste à tirer x en fonction de y de la relation $y = f(x)$. Naturellement pour aborder ce problème il faut définir la forme de la fonction f, et de même dans le cas qui nous occupe il faut préciser la *forme de l'opération* F. Pour cela rappelons qu'on a rangé les fonctions F en *fonctions développables en séries intégrales et en fonctions non développables* (§ VI) ; nous supposerons ici que F soit une fonction développable et, pour fixer les idées, s'exprimant par la série intégrale suivante :

$$(2) \quad \mu\,\varphi(x) = \lambda\,u(x) + \lambda \int_a^b K_1(x, \xi_1)\,u(\xi_1)\,d\xi_1 + \ldots$$

$$+ \frac{\lambda^n}{n!} \int_a^b \cdots \int_a^b K_n(x, \xi_1, \ldots, \xi_n)\,u(\xi_1) \ldots u(\xi_n)\,d\xi_1\,d\xi_2 \ldots d\xi_n$$

$$+ \ldots\ldots\ldots\ldots\ldots\ldots\ldots\ldots\ldots\ldots\ldots\ldots\ldots\ldots$$

([1]) V. VOLTERRA, *Sopra un problema d'elettrostatica* (*Transunti Lincei*, t. VIII, 1884).

où $\varphi(x)$ est la fonction (*connue*) qui résulte de l'application de l'opération F à *l'inconnue* $u(x)$; $K_1, \ldots, K_n$ sont des *fonctions connues* quelconques, *mais symétriques par rapport aux variables d'intégration* $\xi_1, \xi_2, \ldots, \xi_n$; λ, μ sont deux paramètres auxiliaires qui pourront ensuite être égalés à 1.

Le problème réduit ainsi à la forme (2) est encore bien compliqué. De même que pour les fonctions ordinaires, le cas le plus simple pour l'équation

$$y = f(x)$$

est le cas où f est du premier degré en x, de même pour les fonctions F on est dans le cas le plus simple lorsque

$$K_2 = 0, \qquad K_3 = 0, \quad \ldots;$$

alors, en désignant K_1 simplement par K, on aura l'équation

$$(3) \qquad \mu\,\varphi(x) = \lambda\,u(x) + \lambda \int_a^b K(x, \xi)\,u(\xi)\,d\xi,$$

où la fonction inconnue $u(x)$ n'est contenue *qu'au premier degré*; l'équation (3) est appelée *équation intégrale linéaire*.

Or, remarquons que le développement (2) appartient à une classe déjà étudiée (§ VI); pour obtenir cette classe nous *sommes partis d'une forme transcendante algébrique, et nous sommes passés à la limite en faisant croître indéfiniment le nombre des variables*, et ce passage à la limite a transformé les sommes simples, doubles, multiples, respectivement en intégrales simples, doubles et multiples.

Donc, le *problème d'inversion de l'équation intégrale générale* (2) *est par rapport à l'inversion de l'équation linéaire* (3) *précisément ce qu'est, dans l'analyse ordinaire, le problème général de l'inversion d'une fonction transcendante par rapport à l'inversion d'une fonction linéaire.*

L'inversion de l'équation (2) sera traitée à la fin du Chapitre III. Envisageons maintenant l'équation (3). L'idée *toute naturelle* qui est suggérée par la considération des fonctions des lignes est de considérer l'équation linéaire (3) comme cas limite d'une expression algébrique, obtenue en partageant l'intervalle (a, b) en

n intervalles $h_1, \ldots, h_n$,

$$(4) \qquad \varphi(x) = u(x) + \lim_{n=\infty} \sum_{i=1}^{n} K(x, \xi_i)\, u(\xi_i)\, h_i,$$

la résolution de l'équation intégrale (3) *est ainsi ramenée à l'étude d'une équation algébrique linéaire à une infinité d'inconnues.*

Avant de passer à la limite pour $n = \infty$ et en donnant à x les valeurs $\xi_1, \xi_2, \ldots, \xi_n$, on peut écrire, au lieu de l'équation intégrale (3), le *système algébrique*

$$(3') \qquad \varphi(\xi_s) = u(\xi_s) + \sum_{i=1}^{n} K(\xi_s, \xi_i)\, u(\xi_i)\, h_i$$

$$(s = 1, 2, \ldots, n).$$

En résolvant *ce système on trouve* les valeurs de

$$u(\xi_1), \quad u(\xi_2), \quad \ldots, \quad u(\xi_n)$$

correspondantes à l'équation (3) et *la limite de la solution, si elle existe, pour* $n = \infty$ *sera solution de l'équation intégrale proposée.*

La voie est fort simple et naturelle, mais *fondamentale*, parce qu'elle peut être appliquée à bien des cas.

Mais avant d'exposer ces théories d'une façon systématique, il faut indiquer ici la distinction qu'on fait aujourd'hui entre les équations linéaires :

Les équations de la forme (3)

$$(\text{II})\,\text{F} \qquad \varphi(x) = u(x) + \lambda \int_a^b K(x, \xi)\, u(\xi)\, d\xi$$

sont appelées de *deuxième espèce*, tandis que celles de la forme

$$(\text{I}) \qquad \varphi(x) = \lambda \int_a^b K(x, \xi)\, u(\xi)\, d\xi$$

sont appelées de *première espèce*. Cette distinction est due à M. D. Hilbert, qui a appelé *noyau* la fonction $K(x, \xi)$, connue autrefois sous le nom de *fonction caractéristique* ([1]).

([1]) S. Pincherle, *Acta Math.*, vol. X; *Mémoire Accad. Bologna*, série 6, III.

CHAPITRE II.

ÉQUATIONS INTÉGRALES DE VOLTERRA.

I. — L'ÉQUATION D'ABEL.

L'inversion d'une intégrale définie a été étudiée pour la première fois par N.-H. Abel ([1]), à propos de la question suivante de Mécanique :

Déterminer une courbe située dans un plan vertical, telle qu'un mobile pesant obligé à la parcourir arrive au point le plus bas O dans un temps qui soit une fonction $\varphi(h)$ donnée de la hauteur initiale h au-dessus de O. On suppose qu'au départ le mobile ait une vitesse nulle.

Prenons un système d'axes coordonnés x, y dans le plan de la courbe, x étant horizontal, y vertical et dirigé de bas en haut. L'équation de la courbe sera

$$x = x(y).$$

Soit s l'arc de la courbe on aura

$$ds = dy \sqrt{1 + \left(\frac{dx}{dy}\right)^2} = u(y)\, dy,$$

en posant

$$u(y) = \sqrt{1 + \left(\frac{dx}{dy}\right)^2}.$$

Si nous appliquons le principe des forces vives, en calculant le temps $\varphi(h)$ de la chute, nous avons

$$(1) \qquad \sqrt{2g}\,\varphi(h) = \int_0^h \frac{u(y)\, dy}{\sqrt{h - y}}.$$

([1]) N.-H. ABEL, *Solution de quelques problèmes à l'aide d'intégrales définies* (1823) (*Œuvres*, Christiania 1881, t. I, p. 11); *Résolution d'un problème de mécanique* (*Œuvres*, t. I, p. 97).

Si les limites a, b de l'intégrale sont toutes deux *constantes*,
les équations (11) et (1) sont dites *du type de* M. Fredholm. Mais si
a, b ne sont pas toutes deux constantes, les équations s'écrivent :

$$(\text{II})\,\text{V} \qquad \varphi(x) = u(x) + \lambda \int_b^x K(x, \xi)\, u(\xi)\, d\xi,$$

$$(\text{I})\,\text{V} \qquad \varphi(x) = \lambda \int_a^x K(x, \xi)\, u(\zeta)\, d\xi,$$

et s'appellent *équations du type de* M. Volterra.

M. Volterra étant guidé par les idées que nous venons d'exposer,
qui découlaient de sa *théorie des fonctions des lignes*, a été le
premier à considérer les équations intégrales comme le cas limite
d'un nombre infini d'équations algébriques ([1]) et à donner la
solution générale de l'équation de son type en partant de cette
conception.

Les solutions des autres équations intégrales ont été développées
en transportant aux autres cas la même conception, la méthode
qui s'ensuit et les *principes* qui en découlent.

Nous exposerons dans le Chapitre suivant (§ II) cette méthode
et ces principes.

M. Volterra a envisagé l'équation (2) de type transcendant dans
un travail ultérieur ([2]).

([1]) *Atti delle R. Accademia delle Scienze di Torino*, t. XXXI, 12 janvier 1896,
p. 311 et suiv.

([2]) *Comptes rendus de l'Académie des Sciences*, t. CXLII.

On trouve donc une *équation intégrale* dont l'inconnue est u. Multiplions les deux membres de l'équation (1) par

$$(\alpha) \qquad \frac{dh}{\sqrt{z-h}}, \qquad z > h,$$

et intégrons entre les limites 0, z; alors

$$(2) \qquad \sqrt{2g}\int_0^z \frac{\varphi(h)\,dh}{\sqrt{z-h}} = \int_0^z \frac{dh}{\sqrt{z-h}} \int_0^h \frac{u(y)\,dy}{\sqrt{h-y}}.$$

Pour arriver tout de suite à la solution, nous ne suivrons pas la méthode d'Abel; faisons dans le deuxième membre de l'équation (2) la transformation

$$\sqrt{h-y} = r \sin\varpi,$$
$$\sqrt{z-h} = r \cos\varpi,$$

dont le caractère géométrique est bien évident; nous avons

$$\sqrt{2g}\int_0^z \frac{\varphi(h)\,dh}{\sqrt{z-h}} = \int_0^{\sqrt{z}} \int_0^{2\pi} u(z-r^2)\,r\,dr\,d\varpi = 2\pi \int_0^{\sqrt{z}} u(z-r^2)\,r\,dr$$

et, en posant $z - r^2 = \xi$, on aura

$$\frac{\sqrt{2g}}{\pi} \int_0^z \frac{\varphi(h)\,dh}{\sqrt{z-h}} = \int_0^z u(\xi)\,d\xi,$$

d'où, par dérivation,

$$(3) \qquad u(z) = \frac{\sqrt{2g}}{\pi} \frac{d}{dz} \int_0^z \frac{\varphi(h)\,dh}{\sqrt{z-h}},$$

formule qui résout le problème. Dans le cas particulier où l'on cherche la *courbe tautochrone*, il faut supposer $\varphi(h) = c$, c étant une constante; on trouve alors $u(z) = \frac{\sqrt{2g}}{\pi} \frac{1}{\sqrt{z}}$ et par une intégration très facile de l'équation différentielle

$$\sqrt{1 + \left(\frac{dx}{dy}\right)^2} = \frac{\sqrt{2g}}{\pi} \frac{1}{\sqrt{y}},$$

on constate que la courbe est une *cycloïde*.

Abel a résolu aussi l'équation intégrale plus générale que

l'équation (1)

$$(4) \qquad \varphi(x) = \int_0^x \frac{u(\xi)\,d\xi}{(x-\xi)^\alpha}, \qquad 0 < \alpha < 1,$$

mais il employa la méthode des développements en séries, qui n'est simple ni rigoureuse, comme l'a remarqué Schlömilch ([1]).

Nous allons employer la relation suivante de Dirichlet :

$$(5) \qquad \int_a^b dy \int_a^y \mathfrak{F}(x, y)\,dx = \int_a^b dx \int_x^b \mathfrak{F}(x, y)\,dy.$$

Lorsque $\mathfrak{F}(x, y) = f(x)\,\varphi(y)\,\psi(x, y)$, elle s'écrit

$$(5') \qquad \int_a^b \varphi(y)\,dy \int_a^y f(x)\,\psi(x, y)\,dx = \int_a^b f(x)\,dx \int_x^b \varphi(y)\,\psi(x, y)\,dy.$$

Il est très facile de la démontrer en remarquant que l'intégrale (5) est une intégrale étendue à un triangle ayant pour côtés l'axe y, la bissectrice des axes coordonnées, et une droite parallèle à l'axe x située à la distance a. On la démontre aussi en partant de la formule

$$\sum_{i=1}^n \sum_{j=1}^i A_{ij} = \sum_{j=1}^n \sum_{i=j}^n A_{ij}.$$

Reprenons l'équation (4)

$$\varphi(x) = \int_0^x \frac{u(\xi)\,d\xi}{(x-\xi)^\alpha}, \qquad 0 < \alpha < 1.$$

Multiplions les deux membres par

$$\frac{dx}{(z-x)^{1-\alpha}}$$

et intégrons entre les limites 0 et z. On trouvera

$$\int_0^z \frac{\varphi(x)\,dx}{(z-x)^{1-\alpha}} = \int_0^z \frac{dx}{(z-x)^{1-\alpha}} \int_0^x \frac{u(\xi)\,d\xi}{(x-\xi)^\alpha};$$

([1]) Schlömilch, *Analytische Studien* (1848). Ce géomètre obtint la solution en particularisant une formule de réduction des intégrales multiples.

d'après la formule (5) on a

$$(\beta) \qquad \int_0^z \frac{\varphi(x)\,dx}{(z-x)^{1-\alpha}} = \int_0^z u(\xi)\,d\xi \int_\xi^z \frac{dx}{(z-x)^{1-\alpha}(x-\xi)^\alpha}.$$

Or, en posant

$$z - x = (z - \xi)\,t,$$

$$\int_\xi^z \frac{dx}{(z-x)^{1-\alpha}(x-\xi)^\alpha} = \int_0^1 \frac{dt}{t^{1-\alpha}(1-t)^\alpha} = \Gamma(\alpha)\,\Gamma(1-\alpha) = \frac{\pi}{\sin\alpha\pi}.$$

Donc, en dérivant l'équation (β),

$$(6) \qquad u(z) = \frac{\sin\alpha\pi}{\pi} \frac{d}{dz} \int_0^z \frac{\varphi(x)\,dx}{(z-x)^{1-\alpha}}.$$

On a ainsi la solution donnée par la *formule* d'Abel. Pour supprimer toute difficulté dans la dérivation de l'intégrale

$$\int_0^z \frac{\varphi(x)\,dx}{(z-x)^{1-\alpha}}$$

qui contient un élément infini, on peut employer la notion de *partie finie* [1], due simultanément à MM. Hadamard et d'Adhémar; en posant entre [ ] la partie finie d'une intégrale infinie, on trouve

$$
\begin{aligned}
\frac{d}{dz} \int_0^z \frac{\varphi(x)\,dx}{(z-x)^{1-\alpha}} &= \left[\int_0^z \varphi(x) \frac{\partial}{\partial z} \frac{1}{(z-x)^{1-\alpha}}\,dx \right] \\
&= \left[-\int_0^z \varphi(x) \frac{\partial}{\partial x} \frac{1}{(z-x)^{1-\alpha}}\,dx \right] \\
&= \left[-\left(\frac{\varphi(x)}{(z-x)^{1-\alpha}} \right)_0^z + \int_0^z \frac{\varphi'(x)\,dx}{(z-x)^{1-\alpha}} \right] \\
&= \frac{\varphi(0)}{z^{1-\alpha}} + \int_0^z \frac{\varphi'(x)\,dx}{(z-x)^{1-\alpha}},
\end{aligned}
$$

donc

$$(6') \qquad u(z) = \frac{\sin\alpha\pi}{\pi} \frac{\varphi(0)}{z^{1-\alpha}} + \frac{\sin\alpha\pi}{\pi} \int_0^z \frac{\varphi'(x)\,dx}{(z-x)^{1-\alpha}}.$$

Remarquons que la solution n'est pas régulière en $x = 0$ si $\varphi(x)$ n'y est pas nul.

---

[1] J. Hadamard, *Congrès de Mathém.*, 1904. — R. d'Adhémar, *Exercices et leçons d'analyse*, p. 150 et 180.

Liouville en 1832, en étudiant une classe étendue de questions physiques, a été conduit, sans qu'il connût les travaux d'Abel, à résoudre l'équation d'Abel. Nous allons traiter un des problèmes de Liouville :

Une droite indéfinie y, sur laquelle il y a une distribution de masses uniforme et symétrique par rapport à l'axe des x, est attirée par un point A situé sur cet axe à la distance x. L'attraction sur chaque point de y dépend de la distance au point A, mais la loi en est inconnue. L'attraction totale $\psi(x)$ étant donnée, déterminer l'action élémentaire F(r) du point A sur un point M de la droite, situé à une distance r de A.

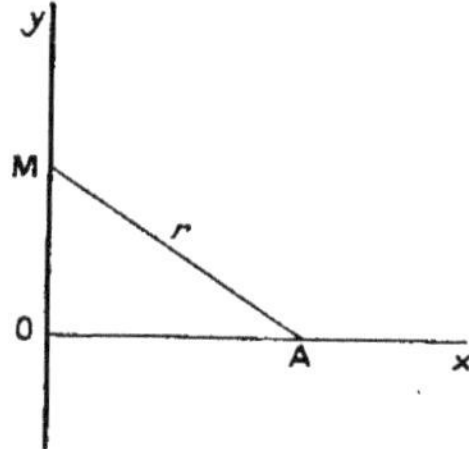

Fig. 3.

On peut écrire

$$\psi(x) = \int_{\infty}^{\infty} F(r)\frac{x}{r}\,dy = 2\int_{0}^{\infty} F(r)\frac{x}{r}\,dy,$$

et, par la transformation

$$r^2 = \xi, \qquad x^2 = z,$$

qui donne

$$y^2 = \xi - z,$$

en désignant $\dfrac{F(\sqrt{\xi})}{\sqrt{\xi}}$ par $u(\xi)$ et $\dfrac{\psi(\sqrt{z})}{\sqrt{z}}$ par $\varphi(z)$, on trouve

$$(7) \qquad \varphi(z) = \int_{z}^{\infty} \frac{u(\xi)\,d\xi}{\sqrt{\xi - z}}.$$

C'est une *équation intégrale en u* d'un type tout à fait analogue à celui d'Abel.

Remarquons que l'intégrale précédente aura un sens si $u(\xi)$ devient infiniment petit d'ordre $\frac{1}{2} + \varepsilon\ (\varepsilon > 0)$, ξ étant l'infiniment grand principal. Liouville obtint la solution de cette équation en employant les développements en séries; ici nous ferons usage de la *formule de* Dirichlet comme pour l'équation (4) : alors, après des opérations analogues, on obtient

$$\int_{\eta}^{\infty} \frac{\varphi(z)\,dz}{\sqrt{z-\eta}} = \int_{\eta}^{\infty} \frac{dz}{\sqrt{z-\eta}} \int_{z}^{\infty} \frac{u(\xi)\,d\xi}{\sqrt{\xi-z}}$$

$$= \int_{\eta}^{\infty} u(\xi)\,d\xi . \int_{\eta}^{\xi} \frac{dz}{\sqrt{(z-\eta)(\xi-z)}}$$

$$= \pi \int_{\eta}^{\infty} u(\xi)\,d\xi,$$

d'où l'on tire

$$(8) \qquad u(\eta) = -\frac{1}{\pi}\,\frac{d}{d\eta} \int_{\eta}^{\infty} \frac{\varphi(x)\,dx}{\sqrt{z-\eta}},$$

formule qui donne l'action élémentaire de A sur la droite y. Pour que l'opération d'intégration soit applicable au premier membre de l'équation (7), il suffit que $\varphi(z)$ devienne infiniment petit d'ordre $\frac{1}{2} + \varepsilon\,(\varepsilon > 0)$ à l'infini.

Remarquons qu'on pouvait ramener l'équation (7) à l'*équation d'*Abel (4), par la transformation

$$= \frac{1}{s}, \qquad z = \frac{1}{t}.$$

Liouville avait en vue, par les calculs dont nous venons de parler, de fonder la théorie des dérivées à indice fractionnaire et en général à indice quelconque. L'élégance de son analyse a conduit plusieurs géomètres, comme Riemann, Holmgren, Letnikoff, Hadamard, Pincherle, etc., à employer les dérivées qu'il a introduites.

L'application de la formule d'Abel a été l'objet non seulement de recherches de Physique mathématique, mais aussi de recherches d'ordre analytique comme le montrent les travaux de Schlömilch et Beltrami sur les fonctions cylindriques et ceux de Dini sur la rep résentation des fonctions d'une variable réelle.

II. — Équation de Volterra de deuxième espèce. — Trois principes fondamentaux.

Étudions l'équation de Volterra de deuxième espèce

$$(1) \qquad \varphi(x) = u(x) + \int_0^x \mathrm{K}(x, \xi)\, u(\xi)\, d\xi.$$

Le *noyau* $\mathrm{K}(x, \xi)$ étant une fonction finie et continue dans l'intervalle

$$0 \leqq \xi \leqq x \leqq b,$$

où b est une quantité finie. Ainsi la fonction K est définie dans le triangle compris entre l'axe des x, la bissectrice $x = \xi$ et une parallèle à l'axe des x, $x = b$; dans ce triangle l'on a, M étant finie,

$$(2) \qquad |\mathrm{K}(x, \xi)| < \mathrm{M}.$$

Nous allons approfondir l'idée qui conduit, comme on l'a dit (Chap. I, § XI), à la résolution de l'équation (1), c'est-à-dire celle qui découle tout naturellement de la théorie des fonctions qui dépendent de toutes les valeurs d'une fonction et qui a servi à constituer une méthode générale pour la résolution des équations intégrales. Il faut pour cela considérer d'abord le système algébrique suivant :

$$(\alpha) \qquad \varphi(\xi_s) = u(\xi_s) + \sum_{i=1}^{s-1} \mathrm{K}(\xi_s, \xi_i)\, u(\xi_i)\, h_i,$$

qui s'écrit sous la forme

$$(\alpha') \quad \begin{cases} \varphi(\xi_1) = u(\xi_1), \\ \varphi(\xi_2) = a_{21} u(\xi_1) + u(\xi_2), \\ \varphi(\xi_3) = a_{31} u(\xi_1) + a_{32} u(\xi_2) + u(\xi_3), \\ \dotfill, \\ \varphi(\xi_n) = a_{n1} u(\xi_1) + a_{n2} u(\xi_2) + \ldots + a_{n,n-1} u(\xi_{n-1}) + u(\xi_n). \end{cases}$$

en posant

$$(\beta) \qquad \mathrm{K}(\xi_s, \xi_i)\, h_i = a_{si}.$$

.Le déterminant des coefficients est

$$\Delta = \begin{vmatrix} 1 & 0 & 0 & \ldots & 0 \\ a_{21} & 1 & 0 & \ldots & 0 \\ a_{31} & a_{32} & 1 & \ldots & 0 \\ \ldots & \ldots & \ldots & \ldots & \ldots \\ a_{n1} & a_{n2} & . & \ldots & 1 \end{vmatrix} = 1;$$

donc

$$u(\xi_s) = \begin{vmatrix} 1 & 0 & 0 \ldots & 0 & \varphi(\xi_1) & 0 & \ldots 0 \\ a_{21} & 1 & 0 \ldots & 0 & \varphi(\xi_2) & 0 & \ldots 0 \\ a_{31} & a_{32} & 1 \ldots & 0 & \varphi(\xi_3) & 0 & \ldots 0 \\ \ldots & \ldots & . \ldots & . & \ldots & . & \ldots . \\ a_{n1} & a_{n2} & . \ldots & a_{n(s-1)} & \varphi(\xi_n) & a_{n(s+1)} & \ldots 1 \end{vmatrix} = \Delta^{(s)} \quad (s=1,2,\ldots,n),$$

d'où

$$u(\xi_s) = \begin{vmatrix} 1 & 0 & 0 & \ldots & \varphi(\xi_1) \\ a_{21} & 1 & 0 & \ldots & \varphi(\xi_2) \\ a_{31} & a_{32} & 1 & \ldots & \varphi(\xi_3) \\ \ldots & \ldots & . & \ldots & \ldots \\ a_{s1} & a_{s2} & a_{s3} & \ldots & \varphi(\xi_s) \end{vmatrix} = \Delta^{(s)} \quad (s=1,2,\ldots,n),$$

et, en désignant par c_{si} le mineur de $\Delta_{(s)}$ relatif à $\varphi(\xi_i)$ $(i=1,2,\ldots,s)$, on a, remarquant que $c_{ss} = 1$,

$$(\gamma) \qquad u(\xi_s) = \varphi(\xi_s) + \sum_{i=1}^{s-1} c_{si} \varphi(\xi_i) \qquad (s=1,2,\ldots,n).$$

Donc le problème est ramené au calcul des quantités c_{si} en fonction des a_{si}, soit au calcul des mineurs relatifs à la dernière colonne du déterminant $\Delta^{(s)}$:

$$c_{si} = (-1)^{s+i} \begin{vmatrix} a_{i+1,i} & 1 & 0 & \ldots & 0 \\ a_{i+2,i} & a_{i+2,i+1} & 1 & \ldots & 0 \\ \ldots & \ldots & . & \ldots & . \\ a_{s-1,i} & a_{s-1,i+1} & a_{s-1,i+2} & \ldots & 1 \\ a_{s,i} & a_{s,i+1} & a_{s,i+2} & \ldots & a_{s,s-1} \end{vmatrix};$$

c_{si} est un polynome de degré $s-i$ par rapport aux

$$a_{hk} \qquad \begin{pmatrix} h = i+1, i+2, \ldots, & s \\ k = i, & i+1, \ldots, s-1 \end{pmatrix}.$$

Nous allons le décomposer en une somme de polynomes homogènes de degré $1, 2, 3, \ldots, s-i$ que nous désignerons respectivement par $a_{si}^{(1)}, a_{si}^{(2)}, \ldots, a_{si}^{(s-i)}$: pour cela développons le déterminant suivant la dernière ligne :

$$c_{si} = -a_{si} + a_{s,i+1} a_{i+1,i} - a_{s,i+2} \begin{vmatrix} a_{i+1,i} & 1 \\ a_{i+2,i} & a_{i+2,i+1} \end{vmatrix}$$
$$+ a_{s,i+3} \begin{vmatrix} a_{i+1,i} & 1 & 0 \\ a_{i+2,i} & a_{i+2,i+1} & 1 \\ a_{i+3,i} & a_{i+3,i+1} & a_{i+3,i+2} \end{vmatrix} - \ldots$$
$$+ (-1)^{s-i} a_{s,s-1} \begin{vmatrix} a_{i+1,i} & 1 & 0 & \ldots & 0 \\ a_{i+2,i} & a_{i+2,i+1} & 1 & \ldots & 0 \\ \ldots & \ldots & \cdot & \ldots & 0 \\ a_{s-2,i} & a_{s-2,i+1} & a_{s-2,i+2} & \ldots & 1 \\ a_{s-1,i} & a_{s-1,i+1} & a_{s-1,i+2} & \ldots & a_{s-1,s-2} \end{vmatrix} ;$$

c'est-à-dire

$$(\delta) \qquad c_{si} = -a_{si} - \sum_{r=i+1}^{s-1} a_{sr} c_{ri}.$$

Or posons

$$(\varepsilon) \qquad c_{si} = a_{si}^{(1)} + a_{si}^{(2)} + \ldots + a_{si}^{(s-i)},$$

d'où

$$c_{ri} = a_{ri}^{(1)} + a_{ri}^{(2)} + \ldots + a_{ri}^{(r-i)};$$

en substituant ces expressions dans (δ), on aura

$$a_{si}^{(1)} + \ldots + a_{si}^{(s-1)} = -a_{si} - \sum_{r=i+1}^{s-1} a_{sr} a_{ri}^{(1)} - \sum_{r=i+1}^{s-1} a_{sr} a_{ri}^{(2)} - \ldots - \sum_{r=i+1}^{s-1} a_{sr} a_{ri}^{(s-i)},$$

d'où

$$a_{si}^{(1)} = -a_{si},$$
$$a_{si}^{(2)} = -\sum_{r=i+1}^{s-1} a_{sr} a_{ri}^{(1)},$$
$$\ldots \ldots \ldots \ldots \ldots \ldots,$$
$$a_{si}^{(s-i)} = -\sum_{r=i+1}^{s-1} a_{sr} a_{ri}^{(s-i-1)},$$
$$0 = -\sum_{s=i+1}^{s-1} a_{sr} a_{ri}^{(s-i)},$$

qui constituent des formules de récurrence pour calculer les poly-
nomes homogènes $a_{si}^{(1)}$, $a_{si}^{(2)}$, ..., $a_{si}^{(s-i)}$. Leur ensemble s'écrit

$$(2) \qquad a_{si}^{(h)} = -\sum_{r=i+1}^{s-1} a_{sr} a_{ri}^{(h-1)} \qquad (h = 1, 2, \ldots, s-i).$$

On peut trouver une formule de récurrence plus générale en
remplaçant $a_{ri}^{(h-1)}$ par

$$-\sum_{j=i+1}^{r-1} a_{rj} a_{ji}^{(h-2)} :$$

$$a_{si}^{(h)} = \sum_{r=i+1}^{s-1} a_{sr} \sum_{j=i+1}^{r-1} a_{rj} a_{ji}^{(h-2)}$$

$$= -\sum_{j=i+1}^{s-1} a_{ji}^{(h-2)} \sum_{r=j+1}^{s-1} a_{sr}^{(1)} a_{rj} = \sum_{j=i+1}^{s-1} a_{sj}^{(2)} a_{ji}^{(h-2)} ;$$

et en répétant la même opération, on arrive évidemment à la
formule générale

$$(\eta) \qquad a_{si}^{(h)} = \sum_{r=i+1}^{s-1} a_{sr}^{(k)} a_{ri}^{(h-k)} \qquad (k = 1, 2, \ldots, h-1).$$

En résumé, les quatre formules (η), (ε), (δ), (γ) donnent

$$a_{si}^{(h)} = \sum_{r=i+1}^{s-1} a_{sr}^{(k)} a_{ri}^{(h-k)} \qquad (k = 1, 2, \ldots, h-1),$$

$$c_{si} = \sum_{j=1}^{s-i} a_{si}^{(j)},$$

$$c_{si} + a_{si} = -\sum_{r=i+1}^{s-1} a_{sr} c_{ri},$$

$$u(\xi_s) = \varphi(\xi_s) + \sum_{i=1}^{s-1} c_{si} \varphi(\xi_i).$$

Mais, en résolvant le système algébrique (γ) par rapport aux $\varphi(\xi_i)$,
on doit retrouver les équations (α) ; on aura donc quatre formules

analogues aux formules ci-dessus et qui s'en déduisent en remplaçant c par a et a par c; soient

$$c_{si}^{(h)} = \sum_{r=i+1}^{s-1} c_{sr}^{(k)} c_{ri}^{(h-k)} \quad (k = 1, 2, \ldots, h-1),$$

$$a_{si} + c_{si} = -\sum_{r=i+1}^{s-1} c_{rs} a_{ri},$$

$$a_{si} = \sum_{j=1}^{s-i} c_{si}^{(j)},$$

$$\varphi(\xi_s) = u(\xi_s) + \sum_{i=1}^{s-1} a_{si}\, u(\xi_i).$$

En écrivant

$$K(\xi_s, \xi_i) h_i = a_{si}, \qquad K^{(j)}(\xi_s, \xi_i) h_i = a_{si}^{(j)},$$
$$S(\xi_s, \xi_i) h_i = c_{si}, \qquad S^{(j)}(\xi_s, \xi_i) h_i = c_{si}^{(j)},$$

toutes ces formules deviennent, en divisant par h_i qui est commun aux deux membres,

$$(3) \qquad K^{(h)}(\xi_s, \xi_i) = \sum_{r=i+1}^{s-1} K^{(k)}(\xi_s, \xi_r)\, K^{(h-k)}(\xi_r, \xi_i)\, h_r,$$

$$(4) \qquad S(\xi_s, \xi_i) + K(\xi_s, \xi_i) = -\sum_{r=i+1}^{s-1} K(\xi_s, \xi_r)\, S(\xi_r, \xi_i)\, h_r,$$

$$(5) \qquad S(\xi_s, \xi_i) = \sum_{j=1}^{s-i} K^{(j)}(\xi_s, \xi_i),$$

$$(6) \qquad u(\xi_s) = \varphi(\xi_s) + \sum_{r=1}^{s-1} S(\xi_s, \xi_r)\, \varphi(\xi_r)\, h_r,$$

et les formules analogues $(3')$, $(4')$, $(5')$, $(6')$ s'écrivent en échangeant K en S et u en φ.

Or l'on est en état de passer à la limite pour $n = \infty$, en faisant décroître indéfiniment $h_1, \ldots, h_n$. Les sommes qui entrent dans les formules (3), (4), (6), $(3')$, $(4')$, $(6')$ donnent des intégrales,

tandis que celles qui entrent dans les formules (5) et (5′) donnent
lieu à des séries infinies; on trouve ainsi

$$(7) \qquad K^{(h)}(x, \xi) = \int^x K^{(k)}(x, z)\, K^{(h-k)}(z, \xi)\, dz,$$

$$(8) \qquad S(x, \xi) + K(x, \xi) = -\int_\xi^x K(x, z)\, S(z, \xi)\, dz,$$

$$(9) \qquad S(x, \xi) = \sum_{j=1}^\infty K^{(j)}(x, \xi),$$

$$(10) \qquad u(x) = \varphi(x) + \int_0^x S(x, \xi)\, \varphi(\xi)\, d\xi,$$

et d'une façon analogue

$$(7') \qquad S^{(h)}(x, \xi) = \int_\xi^x S^{(k)}(x, z)\, S^{(h-k)}(z, \xi)\, dz,$$

$$(8') \qquad K(x, \xi) + S(x, \xi) = -\int_\xi^x S(x, z)\, K(z, \xi)\, dz,$$

$$(9') \qquad K(x, \xi) = \sum_{j=1}^\infty S^{(j)}(x, \xi),$$

$$(10') \qquad \varphi(x) = u(x) + \int_0^x K(x, \xi)\, u(\xi)\, d\xi.$$

La question se réduit maintenant à étudier si les séries (9) et (9′)
sont convergentes et si la solution obtenue vérifie l'équation
proposée. Nous allons répondre affirmativement en vérifiant
directement les formules précédentes et en démontrant la convergence des séries, en faisant voir de plus que toute la théorie se
résume en *trois principes fondamentaux* :

I. PRINCIPE DE CONVERGENCE. — Construisons par quadrature
les expressions

$$(7a) \quad \begin{cases} K^{(1)}(x, \xi) = -K(x, \xi), \\[2mm] K^{(2)}(x, \xi) = -\displaystyle\int_\xi^x K(x, z)\, K^{(1)}(z, \xi)\, dz, \\[2mm] K^{(3)}(x, \xi) = -\displaystyle\int_\xi^x K(x, z)\, K^{(2)}(z, \xi)\, dz, \\[2mm] \cdots\cdots\cdots\cdots\cdots\cdots\cdots\cdots\cdots\cdots\cdots, \\[2mm] K^{(i)}(x, \xi) = -\displaystyle\int_\xi^x K(x, z)\, K^{(i-1)}(z, \xi)\, dz, \\[2mm] \cdots\cdots\cdots\cdots\cdots\cdots\cdots\cdots\cdots \end{cases}$$

qui seront des fonctions finies et continues dans le champ donné. Pour j compris entre 1 et i, on a la formule de récurrence suivante entre les *noyaux itérés* $K^{(i)}(x, \xi)$:

$$(7b) \quad K^{(i)}(x,\xi) = \int_{\xi}^{x} K^{(j)}(x, z)\, K^{(i-j)}(z, \xi)\, dz \qquad (j = 1, 2, \ldots, i-1).$$

En effet, cette formule est évidente pour $i = 1$; démontrons par induction que, si elle est vraie pour $i = n$, elle est aussi vraie pour $i = n + 1$; d'après $(7a)$ on a

$$K^{(n+1)}(x, \xi) = -\int_{\xi}^{x} K(x, z)\, K^{(n)}(z, \xi)\, dz,$$

et comme on a supposé que $(7b)$ soit valable pour $i = n$,

$$K^{(n+1)}(x, \xi) = \int_{\xi}^{x} K^{(1)}(x, z)\, dz \int_{\xi}^{z} K^{(j)}(z, z_1)\, K^{(n-j)}(z_1, \xi)\, dz_1,$$

en appliquant la *formule de Dirichlet* ($\S\,I$),

$$K^{(n+1)}(x, \xi) = \int_{\xi}^{x} K^{(n-j)}(z_1, \xi)\, dz_1 \int_{z_1}^{x} K^{(1)}(x, z)\, K^{(j)}(z, z_1)\, dz$$

$$= \int_{\xi}^{x} K^{(j+1)}(x, z_1)\, K^{(n-j)}(z_1, \xi)\, dz_1.$$

C. Q. F. D.

Donc $K^{(i)}(x, \xi)$ admet i *déterminations* formellement distinctes. Or, puisque dans le triangle

$$0 \leqq \xi \leqq x \leqq b,$$

on a par hypothèse

$$|\,K(x, \xi)\,| < M,$$

on a aussi

$$|\,K^{(2)}(x, \xi)\,| < \int_{\xi}^{x} MM\, dz < M^2(x - \xi),$$

$$|\,K^{(3)}(x, \xi)\,| < \frac{M^3(x - \xi)^2}{2!},$$

$$\cdots\cdots\cdots\cdots\cdots\cdots\cdots\cdots,$$

$$|\,K^{(i)}(x, \xi)\,| < \frac{M^{i+1}(x - \xi)^i}{i!}.$$

Enfin, en remarquant que la *série majorante*

$$\mathrm{M} + \mathrm{M}^2(x - \xi) + \frac{\mathrm{M}^3}{2!}(x - \xi)^2 + \ldots = \mathrm{M}\,e^{\mathrm{M}(x-\xi)}$$

converge d'une façon uniforme, on conclut que la *série des noyaux itérés*

$$(9a) \qquad \sum_{i=1}^{\infty} \mathrm{K}^{(i)}(x, \xi) = \mathrm{S}(x, \xi)$$

est *uniformément convergente et représente, dans le champ donné, une fonction finie et continue* $\mathrm{S}(x, \xi)$ [qui est précisément le *noyau résolvant*, comme le montre la formule (10)].

II. Principe de réciprocité. — La formule (5) nous donne $\mathrm{S}(x, \xi)$ en fonction de $\mathrm{K}(x, \xi)$; voyons si l'on peut obtenir K en fonction de S : pour cela remarquons qu'en posant

$$\mathrm{R}_n(x, \xi) = \mathrm{S}(x, \xi) - \sum_{i=1}^{n} \mathrm{K}^{(i)}(x, \xi) = \sum_{i=n+1}^{\infty} \mathrm{K}^{(i)}(x, \xi),$$

on aura, en vertu de la convergence uniforme,

$$\mathrm{R}_n(x, \xi) = \int_{\xi}^{x} \mathrm{K}^{(j)}(x, z) \sum_{i=n+1}^{\infty} \mathrm{K}^{(i-j)}(z, \xi)\, dz.$$

Mais on peut écrire

$$\mathrm{S}(z, \xi) = \sum_{i=n+1}^{\infty} \mathrm{K}^{(i-n)}(z, \xi);$$

donc en posant dans la formule précédente $j = n$,

$$\mathrm{R}_n(x, \xi) = \mathrm{S}(x, \xi) - \sum_{i=1}^{n} \mathrm{K}^{(i)}(x, \xi) = \int_{\xi}^{x} \mathrm{K}^{(n)}(x, z)\ \mathrm{S}(z, \xi)\, dz$$

$$= \int_{\xi}^{x} \mathrm{S}(x, z)\, \mathrm{K}^{(n)}(z, \xi)\, dz,$$

et en faisant $n = 1$, on a

$$(8a) \qquad \mathrm{S}(x, \xi) + \mathrm{K}(x, \xi) = -\int_{\xi}^{x} \mathrm{S}(x, z)\, \mathrm{K}(z, \xi)\, dz$$

$$= -\int_{\xi}^{x} \mathrm{K}(x, z)\ \mathrm{S}(z, \xi)\, dz.$$

Or, construisons par *itération*, comme pour les K_i, les fonctions

$$(7'_a) \quad \begin{cases} S^{(1)}(x, \xi) = - S(x, \xi), \\[2mm] S^{(2)}(x, \xi) = \int_\xi^x S^{(1)}(x, z) S^{(1)}(z, \xi)\, dz, \\[2mm] S^{(3)}(x, \xi) = \int_\xi^x S^{(1)}(x, z) S^{(2)}(z, \xi)\, dz, \\[2mm] \dots\dots\dots\dots\dots\dots\dots\dots\dots\dots\dots, \\[2mm] S^{(i)}(x, \xi) = \int_\xi^x S^{(1)}(x, z) S^{(i-1)}(z, \xi)\, dz, \\[2mm] \dots\dots\dots\dots\dots\dots\dots\dots\dots\dots\dots \end{cases}$$

pour lesquelles on aura

$$(7'_b) \quad S^{(i)}(x, \xi) = \int_\xi^x S^{(j)}(x, z) S^{(i-j)}(z, \xi)\, dz \qquad (j = 1, 2, \dots, i),$$

et formons la série [qui converge évidemment uniformément (Principe I)]

$$(9'_a) \qquad \sum_{i=1}^\infty S^{(i)}(x, \xi) = T(x, \xi).$$

Nous pouvons démontrer que *la fonction* $T(x, \xi)$ *coïncide avec la fonction* $K(x, \xi)$ *dont nous sommes partis*, c'est-à-dire que

$$T(x, \xi) - K(x, \xi) = 0.$$

En effet de $(9'_a)$ on peut déduire une formule analogue à (8_a) :

$$(11) \qquad \begin{aligned} T(x, \xi) + S(x, \xi) &= - \int_\xi^x S(x, z)\, T(z, \xi)\, dz \\[2mm] &= - \int_\xi^x T(x, z)\, S(z, \xi)\, dz\, ; \end{aligned}$$

en soustrayant (8_a) de (11), on trouve

$$\begin{aligned} T(x, \xi) &- K(x, \xi) \\[2mm] &= \sigma(x, \xi) = - \int_\xi^x S(x, z)\, \sigma(z, \xi)\, dz \\[2mm] &= \int_\xi^x S(x, z)\, dz \int_\xi^z S(z, z_1)\, \sigma(z_1, \xi)\, dz_1 \\[2mm] &= - \int_\xi^x S(x, z)\, dz \int_\xi^z S(z, z_1)\, dz_1 \int_\xi^{z_1} S(z_1, z_2)\, \sigma(z_2, \xi)\, dz_2 \\[2mm] &= \dots\dots\dots\dots\dots\dots\dots\dots\dots\dots\dots\dots\dots \end{aligned}$$

Or, dans le triangle $o \geqq \xi \geqq x \geqq b$, on a

$$|\sigma(x, \xi)| < m, \qquad |S(x, \xi)| < N,$$

où m, N sont deux quantités finies; donc

$$|\sigma(x, \xi)| < N^n m \int_\xi^x dz \int_\xi^z dz_1 \int^{z_1} dz_2 \ldots \int_\xi^{z_{n-2}} dz_{n-1},$$

quelque grand que soit n,

$|\sigma(x, \xi)| < \dfrac{N^n m (x-\xi)^n}{n!}$ et comme $\lim\limits_{n=\infty} \dfrac{N^n m (x-\xi)^n}{n!} = o$, il faut que

l'on ait

$$\sigma(x, \xi) = o,$$

c'est-à-dire

$$T(x, \xi) = K(x, \xi) = \sum_{i=1}^{\infty} S^{(i)}(x, \xi). \qquad \text{C. Q. F. D.}$$

Donc on a *les deux formules réciproques*

$$(12) \qquad S(x, \xi) = \sum_{i=1}^{\infty} K^{(i)}(x, \xi), \qquad K(x, \xi) = \sum_{i=1}^{\infty} S^{(i)}(x, \xi),$$

où

$$S^{(1)}(x, \xi) = -S(x, \xi), \qquad S^{(i)}(x, \xi) = \int_\xi^x S^{(j)}(x, z) S^{(i-j)}(z, \xi) d\xi,$$

$$K^{(1)}(x, \xi) = -K(x, \xi), \qquad K^{(i)}(x, \xi) = \int_\xi^x K^{(j)}(x, z) K^{(i-j)}(z, \xi) d\xi,$$

et l'on trouve que

$$(13) \quad K(x, \xi) + S(x, \xi) = -\int_\xi^x S(x, z) K(z, \xi) dz = -\int_\xi^x K(x, z) S(z, \xi) dz.$$

En prenant arbitrairement une des deux fonctions K, S, *on peut calculer l'autre par des quadratures.*

III. Principe d'inversion. — Envisageons l'équation

$$(1) \qquad \varphi(x) = u(x) + \int_0^x K(x, \xi) u(\xi) d\xi,$$

et multiplions les deux membres de cette équation par

$$S(z, x)\, dx;$$

il vient alors, en intégrant entre les limites $0, z,$

$$\int_0^z [\varphi(x) - u(x)]\, S(z, x)\, dx = \int_0^z S(z, x)\, dx \int_0^x K(x, \xi)\, u(\xi)\, d\xi,$$

et, d'après la formule de Dirichlet,

$$= \int_0^z u(\xi)\, d\xi \int_\xi^z K(x, \xi)\, S(z, x)\, dx,$$

ou bien, en employant le *principe de réciprocité* [formule (13)],

$$\int_0^z [u(x) - \varphi(x)]\, S(z, x)\, dx = \int_0^z u(\xi)\, [\, K(z, \xi) + S(z, \xi)]\, d\xi,$$

c'est-à-dire

$$\int_0^z S(z, x)\, \varphi(x)\, dx = -\int_0^z K(z, \xi)\, u(\xi)\, d\xi = u(z) - \varphi(z).$$

On en conclut que *l'inversion de l'équation intégrale*

$$(A) \qquad\qquad \varphi(x) = u(x) + \int_0^x K(x, \xi)\, u(\xi)\, d\xi$$

est donnée par la formule

$$(B) \qquad\qquad u(x) = \varphi(x) + \int_0^x S(x, \xi)\, \varphi(\xi)\, d\xi,$$

et que réciproquement l'inversion de l'équation (B) *est donnée par* (A). Les résultats obtenus par la *méthode algébrique* se trouvent ainsi complètement vérifiés.

Nous pouvons considérer $S(x, \xi)$ comme une *fonction qui dépend de toutes les valeurs que* $K(x, \xi)$ *prend dans le domaine donné* (Chap. I)

$$S(x, \xi) = F\,|\,[K(x, \xi)]\,|,$$

on a aussi *réciproquement*

$$K(x, \xi) = F\,|\,[S(x, \xi)]\,|.$$

F désignant *l'opération fonctionnelle* par laquelle on passe
de $K(x, \xi)$ à $S(x, \xi)$ ou de $S(x, \xi)$ à $K(x, \xi)$, on a

$$F\,|[\,K(x, \xi)]\,| = \sum_{i=1}^{\infty} K^{(i)}(x, \xi),$$

$$F\,|[\,S(x, \xi)]\,| = \sum_{i=1}^{\infty} S_i(x, \xi).$$

Cette opération fonctionnelle, appliquée une fois au *noyau* fini
et continu K de l'équation intégrale donnée, donne, comme nous
venons de le voir, le *noyau résolvant* S qui en résulte comme
fonction finie et continue ; appliquée *deux fois* à K, elle reproduit
K lui-même

$$F\left|\left[F\,|[\,K(x, \xi)]\,|\right]\right| = K(x, \xi).$$

Unicité de la solution. — L'équation (B) donne l'unique solution finie et continue de l'équation (A).

En effet, supposons qu'on ait *deux* solutions distinctes :

$$u_1(x), \qquad u_2(x);$$

alors, en posant $u_2 - u_1 = u_3$, on aura l'équation en u_3 :

$$u_3(x) = -\int_0^x K(x, \xi)\, u_3(\xi)\, d\xi = \int_0^x K(x, \xi)\, d\xi \int_0^\xi K(\xi, z)\, u_3(z)\, dz,$$

et, d'après la formule de Dirichlet,

$$= \int_0^x u_3(z)\, dz \int_z^x K(x, \xi)\, K(\xi, z)\, d\xi$$

$$= \int_0^x K^{(2)}(x, z)\, u_3(z)\, dz = \int_0^x K^{(2)}(x, \xi)\, u_3(\xi)\, d\xi,$$

et ainsi de suite. On obtient finalement

$$u_3(x) = \int_0^x K^{(n)}(x, \xi)\, u_3(\xi)\, d\xi,$$

quelque grand que soit n ; or,

$$|u_3| < m, \qquad |K^{(n)}| < \frac{M^n (x - \xi)^{n-1}}{(n-1)!},$$

où m, M sont deux quantités finies ; donc

$$|u_3(x)| < m\,M^{n+1} \int_0^x \frac{(x-\xi)^n}{n!}\,d\xi = \frac{m\,M^{n+1}\,x^{n+1}}{(n+1)!},$$

et, puisque n peut être aussi grand que l'on veut,

$$u_3(x) = 0,$$

c'est-à-dire

$$u_1(x) = u_2(x). \qquad\qquad \text{C. Q. F. D.}$$

Cas où le noyau $K(x, \xi)$ *est fonction de* $x - \xi$. — Quelquefois il arrive que $K(x, \xi)$ n'est fonction que de la différence $(x - \xi)$, c'est le cas par exemple qui se présente dans la théorie de la *mécanique héréditaire du cycle fermé* (*voir* le dernier Chapitre). Alors

$$K^{(1)}(x-\xi) = -K(x-\xi),$$

$$K^{(2)}(x, \xi) = \int_\xi^x K(x-z)\,K(z-\xi)\,dz,$$

et, en posant

$$z - \xi = u,$$
$$x - \xi = v,$$
$$K^{(2)}(v) = \int_0^v K^{(1)}(v-u)\,K^{(1)}(u)\,du;$$

donc $K^{(2)}$ est fonction de $(x-\xi)$. En général,

$$(14) \quad K^{(i)}(v) = K^{(i)}(x-\xi) = \int_0^v K^{(j)}(v-u)\,K^{(i-j)}(u)\,du \quad (j=1,2,\ldots,i-1),$$

et, par conséquent,

$$S(x, \xi) = \sum_{i=1}^\infty K^{(i)}(x-\xi) = S(x-\xi).$$

Si le noyau K *est fonction de la différence* $(x-\xi)$, *le noyau résolvant* S *est aussi fonction de* $(x-\xi)$; si l'on a donc

$$\varphi(x) = u(x) + \int_0^x K(x-\xi)\,u(\xi)\,d\xi,$$

il en résulte

$$u(x) = \varphi(x) + \int_0^x S(x-\xi)\,\varphi(\xi)\,d\xi.$$

Supposons que le noyau $K(v)$ soit une *fonction analytique* dans l'intervalle donné

$$o \leqq \xi \leqq x \leqq b,$$

$$(15) \qquad K^{(1)}(v) = C_{10} + C_{11} v + C_{12} v^2 + \ldots,$$

et qu'on veuille *calculer les noyaux itérés* $K^{(i)}$, ou bien les coefficients de leurs développements en série : pour cela, on utilisera la formule (14)

$$K^{(i+1)}(v) = \int_0^v K^{(j+1)}(v-u)\, K^{(i-j)}(u)\, du \qquad (j = 0, 1, 2, \ldots, i-1)$$

qui, en y faisant $j = 0$, s'écrit

$$K^{(i+1)}(v) = \int_0^v K^{(1)}(v-u)\, K^{(i)}(u)\, du\,;$$

or

$$K^{(1)}(v-u) = \sum_{h=0}^{\infty} C_{1h}(v-u)^h,$$

et l'on voit qu'on peut écrire

$$K^{(i)}(u) = u^{i-1} \sum_{h=0}^{\infty} C_{ih}\, u^h\,;$$

donc, d'après la règle de la multiplication des séries,

$$K^{(1)}(v-u)\, K^{(i)}(u) = u^{i-1} \sum_{n=0}^{\infty} \sum_{h=0}^{n} C_{i,\,n-h} u^{n-h} C_{1h}(v-u)^h,$$

$$K^{(i+1)}(v) = \sum_{n=0}^{\infty} \sum_{h=0}^{n} C_{i,n-h}\, C_{1h} \int_0^v u^{n-h+i-1}(v-u)^h\, du.$$

Or, en posant $u = vt$, on a

$$\int_0^v u^{n-h+i-1}(v-u)^h\, du = v^{n+i} \int_0^1 t^{n-h+i-1}(1-t)^h\, dt$$

$$= v^{n+i}\, \frac{\Gamma(n-h+i)\,\Gamma(h+1)}{\Gamma(n+i+1)}$$

$$= v^{n+i}\, \frac{(n-h+i-1)!\, h!}{(n+i)!}\,;$$

on en conclut

$$K^{(i+1)}(v) = v^i \sum_{n=0}^{\infty} \frac{v^n}{(n+i)!} \sum_{h=0}^{n} C_{i,n-h}(n+i-h-1)!\, C_{1,h}\, h!,$$

mais

$$K^{(i+1)}(v) = v^i \sum_{n=0}^{\infty} C_{i+1,\,n}\, v^n,$$

donc

$$(n+i)!\, C_{i+1,n} = \sum_{h=0}^{n} C_{i,n-h}(n+i-h-1)!\, C_{1h}\, h!$$

En posant

(16)
$$(i+v-1)!\, C_{i,v} = B_{i,v},$$

on a la formule

(16′)
$$B_{i+1,n} = \sum_{h=0}^{n} B_{i,n-h}\, B_{1,h},$$

pour calculer les coefficients B et par conséquent les coefficients C.

Pour le calcul du noyau résolvant $S(v) = S(x-\xi)$, construisons les séries

(17)
$$A_1(v) = \sum_{h=0}^{\infty} B_{1,h} v^h, \qquad A_i(v) = \sum_{h=0}^{\infty} B_{i,h} v^h;$$

leur produit donne

$$A_1(v)\, A_i(v) = \sum_{n=0}^{\infty} v^n \sum_{h=0}^{n} B_{i,n-h} B_{1,h} = \sum_{n=0}^{\infty} B_{i+1,n} v^n,$$

c'est-à-dire

$$A_1(v)\, A_i(v) = A_{i+1}(v),$$

donc

$$A_2(v) = A_1^2(v), \qquad A_3(v) = A_1^3(v), \qquad \ldots, \qquad A_i(v) = A_1^{(i)}(v).$$

Remarquons qu'on suppose *a priori* que la série $K^{(1)}$ soit *convergente* dans le cercle donné; or, il peut arriver que $A_1(v)$ ne soit pas convergente : dans ce cas le procédé que nous allons donner, en employant les formules précédentes, devient exclusivement *formel*, mais il est toujours valable.

L'expression de $S(x-\xi)$ est

$$S(v) = \sum_{i=1}^{\infty} K^{(i)}(v) = \sum_{i=1}^{\infty} v^{i-1} \sum_{h=0}^{\infty} C_{i,h} v^h$$

$$= \sum_{n=1}^{\infty} v^{n-1} \sum_{h=0}^{n} C_{n-h,h} = \sum_{n=1}^{\infty} \frac{v^{n-1}}{(n-1)!} \sum_{h=0}^{n} B_{n-h,h},$$

et, en posant

(18)
$$D_n = \sum_{h=0}^{n} B_{n-h,h},$$

on a

(19)
$$S(v) = \sum_{n=1}^{\infty} \frac{v^{n-1}}{(n-1)!} D_n.$$

Or, formons la série

$$\psi(v) = \sum_{n=1}^{\infty} D_n v^{n-1} = \sum_{n=1}^{\infty} v^{n-1} \sum_{h=0}^{n} B_{n-h,h}$$

$$= \sum_{n=1}^{\infty} v^{n-1} \sum_{h=0}^{\infty} B_{n,h} v^h = \sum_{n=1}^{\infty} v^{n-1} A_n(v),$$

ou bien

$$\psi(v) = A_1(v) + v A_1^2(v) + v^2 A_1^3(v) + \ldots,$$

nous avons

(20)
$$\psi(v) = \frac{A_1(v)}{1 - v A_1(v)},$$

formule qui résout, avec les précédentes, le problème. En effet la formule (15) nous donne la valeur de $K^{(1)}(v)$: en multipliant le coefficient $C_{1,h-1}$ $(h = 1, 2, \ldots, \infty)$ de $K^{(1)}$ par $(h-1)!$ on a $A_1(v)$ [formules (16) et (16′)]; enfin on calcule $\psi(v)$ par la formule (20), et $S(v)$ en divisant le coefficient D_h $(h = 1, 2, \ldots, \infty)$ de $\psi(v)$ par $(h-1)!$ On tire de là *la règle formelle suivante* pour passer du noyau K au noyau résolvant S :

$$K(v) = \sum_{n}^{\infty} a_n v^n,$$

$$G(v) = \sum_{n}^{\infty} a_n n! v^n,$$

$$H(v) = -\frac{G(v)}{1 + v G(v)} = \sum_{0}^{\infty} b_n n! v^n,$$

$$S(v) = \sum_{0}^{\infty} b_n v^n.$$

On voit immédiatement que le procédé est réciproque, car

$$H(v) + G(v) = - v\,H(v)\,G(v),$$
$$G(v) = - \frac{H(v)}{1 + v\,H(v)}.$$

Jusqu'ici nous avons supposé que le *noyau* $K(x, \xi)$ de l'équation de deuxième espèce était *continu* dans l'intervalle donné

$$0 \leqq \xi \leqq x \leqq b;$$

remarquons que les résultats ne changent pas, si, tout en restant fini, le noyau $K(x, \xi)$ a un nombre fini de discontinuités, ou plus en général s'il est intégrable, l'ordre des intégrations par rapport aux deux variables pouvant être inverti.

M. G.-C. Evans a étudié aussi le cas des infinis du noyau ([1]).

III. — ÉQUATION DE VOLTERRA DE PREMIÈRE ESPÈCE.

Envisageons l'équation intégrale

$$(1) \qquad \varphi(x) = \int_0^x K(x, \xi)\,u(\xi)\,d\xi;$$

supposons que le *noyau* K soit une fonction finie et continue dans l'intervalle donné, ainsi que sa première dérivée $\dfrac{\partial K}{\partial x}$, et que l'on ait $\varphi(0) = 0$. Appliquons-lui les idées fondamentales déjà développées (Chap. I, § XI; Chap. II, § II) sur la résolution par voie algébrique ; le système d'équations linéaires algébriques qui conduit à la résolution de l'équation (1) s'écrit ([2])

$$(1') \qquad \varphi(\xi_s) = \sum_{i=1}^{s} K(\xi_s, \xi_i)\,u(\xi_i)\,h_i,$$

ou bien

$$(1'') \qquad \left\{ \begin{array}{l} \varphi(\xi_1) = a_{11}\,u(\xi_1), \\ \varphi(\xi_2) = a_{21}\,u(\xi_1) + a_{22}\,u(\xi_2), \\ \dots\dots\dots\dots\dots\dots\dots\dots, \\ \varphi(\xi_n) = a_{n1}\,u(\xi_1) + \dots + a_{nn}\,u(\xi_n), \end{array} \right.$$

([1]) G.-C. Evans, *Volterra's integral equation of the second Kind with discontinuous kernel* (*Trans. of Americ. Mathem. Society*, 1910, 1911).

([2]) *Cf.* Volterra, *Atti della R. Acc. di Torino*, 1895-1896, Note I, p. 315.

en posant

$$K(\xi_s, \xi_i)h_i = a_{si}.$$

Il est facile d'obtenir la solution algébrique de ce système et d'en tirer à la limite la solution de l'équation (1). Remarquons tout d'abord que le déterminant des coefficients du système (1') est

$$\Delta = a_{11}a_{22}a_{33}\ldots a_{nn} = \prod_{s=1}^{n} K(\xi_s, \xi_s)\, h_s.$$

Pourtant, nous verrons ensuite que l'équation intégrale peut avoir, dans quelques cas, une seule solution, même si l'on a $K(x, x) = 0$.

Nous n'appliquerons pas directement le procédé algébrique. Nous commencerons par réduire l'équation (1) à une équation de deuxième espèce ([1]). En effet dérivons (1) par rapport à x, nous aurons

$$\varphi'(x) = K(x, x)\, u(x) + \int_0^x \frac{\partial K(x, \xi)}{\partial x}\, u(\xi)\, d\xi,$$

d'où

$$(2) \qquad \frac{\varphi'(x)}{K(x, x)} = u(x) + \int_0^x \frac{\dfrac{\partial K}{\partial x}}{K(x, x)}\, u(\xi)\, d\xi.$$

On trouve donc une équation de deuxième espèce qui n'a pas de singularité si l'on suppose $K(x, x) \gtrless 0$.

Un autre procédé consiste à intégrer par parties et à poser

$$\int_0^x u(\xi)\, d\xi = \Theta(x).$$

On trouve

$$(3) \qquad \frac{\varphi(x)}{K(x, x)} = \Theta(x) - \int_0^x \frac{\dfrac{\partial K}{\partial \xi}}{K(x, x)}\, \Theta(\xi)\, d\xi,$$

équation de deuxième espèce qui donne $\Theta(x)$. Par dérivation, on calculera l'inconnue $u(x)$. Nous voyons donc que la condition $K(x, x) \neq 0$ est suffisante pour qu'il y ait une et une seule solution.

([1]) V. VOLTERRA, *Rendic. Lincei* (1896, 1ᵉʳ sem., Note I). Il est facile de voir l'opération qui correspond à cette opération dans le système algébrique.

En appliquant à l'équation (2) les procédés et les résultats que nous venons de développer sur l'équation intégrale de deuxième espèce (§ II), on peut dire que *si $\frac{\partial K}{\partial x}$ est finie et continue, l'unique solution finie et continue (dans l'intervalle envisagé) de l'équation (2) et par conséquent de l'équation (1) est*

$$(4)\quad\begin{cases} u(x) = \dfrac{1}{K(x,x)}\left[\varphi'(x) + \displaystyle\int_0^x \sum_{i=1}^\infty K_i(x,\xi)\,\varphi'(\xi)\,d\xi\right]\\[2mm] \text{où}\\[2mm] \qquad K^{(1)}(x,\xi) = -\,\dfrac{\dfrac{\partial K(x,\xi)}{\partial x}}{K(\xi,\xi)},\\[3mm] \qquad K^{(i)}(x,\xi) = \displaystyle\int_\xi^x K^{(j)}(x,z)\,K^{i-j}(z,\xi)\,dz \quad (j=1,2,\ldots,i-1). \end{cases}$$

De même, *en supposant que $\frac{\partial k}{\partial \xi}$ soit finie et continue, la solution de l'équation* (3) *est*

$$(5)\quad\begin{cases} \Theta(x) = \dfrac{1}{K(x,x)}\left[\varphi(x) + \displaystyle\int_0^x \sum_{i=1}^\infty K_i(x,\xi)\,\varphi(\xi)\,d\xi\right]\\[2mm] \text{où}\\[2mm] \qquad K^{(1)}(x,\xi) = \dfrac{\dfrac{\partial K(x,\xi)}{\partial \xi}}{K(\xi,\xi)},\\[3mm] \qquad K^{(i)}(x,\xi) = \displaystyle\int_\xi^x K^{(j)}(x,z)\,K^{i-j}(z,\xi)\,dz\\[3mm] \text{et l'on a}\\[2mm] \qquad u(x) = \dfrac{d\Theta}{dx}. \end{cases}$$

Donc la solution de l'équation (1) peut prendre les deux formes (4) ou (5).

M. Volterra, dans ses premières recherches ([1]), avait résolu l'équation (1) grâce à son idée fondamentale de la considérer comme cas limite du système algébrique (1″). Il avait donné : 1° les formules d'inversion (4) et (5) et la démonstration de la convergence uniforme des séries $\displaystyle\sum_{i=0}^\infty K_i$ correspondantes; 2° la démons-

---

([1]) V. VOLTERRA, *Atti Accad. Torino*, Note I, t. XXXI, 1896.

tration de *l'unicité* de la solution et de *l'existence* par un procédé direct de vérification.

Appliquons les formules trouvées au cas particulier

$$(6) \qquad \varphi(x) = \int_0^x K[f(x) - f(\xi)]\, u(\xi)\, d\xi.$$

Nous avons admis que $K(x, x) \neq 0$: cela revient à supposer ici que $K(x, x) = K(o) = M$, M étant une quantité qui n'est pas nulle. Puisqu'on peut diviser l'équation (6) par M, on pourra toujours supposer $K(o) = 1$.

On peut résoudre l'équation (6) directement ([1]), mais il est préférable de la réduire à la deuxième espèce. Si l'on suppose $K(o) = 1$, on écrira

$$(2') \qquad \varphi'(x) = u(x) + \int_0^x \frac{\partial K}{\partial f} f'(x)\, u(\xi)\, d\xi,$$

d'où l'on tire

$$(7) \quad \begin{cases} u(x) = \varphi'(x) + f'(x) \displaystyle\int_0^x \Theta[f(x) - f(\xi)]\varphi'(\xi)\, d\xi, \\[2mm] \Theta(z) = \displaystyle\sum_1^\infty s_i(z), \\[2mm] s_1(z) = -\dfrac{dK(z)}{dz}, \\[2mm] s_i(z) = \displaystyle\int_0^z s_{i-j}(z - u)s_j(u)\, du \qquad (j = 1, 2 \ldots, i-1). \end{cases}$$

On pourrait étudier l'équation particulière (6) dans le cas où le *noyau* K est une *série de puissances* de son argument, mais pour cela nous renverrons le lecteur aux travaux de M. Volterra ([2]), où il trouvera aussi une vérification du procédé employé.

Remarquons enfin que si l'on a l'équation

$$(8) \qquad \varphi(x) = \int_0^{f(x)} K(x, \xi)\, u(\xi)\, d\xi,$$

([1]) V. Volterra, *Torino*, Note I.
([2]) V. Volterra, *Annali di Matem.* (art. III, p. 174-178).

en posant $f(x) = y$, et dans l'hypothèse que l'on peut en tirer de façon univoque $x = \psi(y)$, on trouve

$$\varphi[\psi(y)] = \int_0^y K[\psi(y), \xi]\, u(\xi)\, d\xi,$$

équation de la forme (1).

Cas où le noyau devient infini [1]. — Supposons que $K(x, \xi)$ devienne infini d'ordre α inférieur à 1 pour $x = \xi$, $x - \xi$ étant l'infiniment petit fondamental. Alors on peut écrire

$$K(x, \xi) = \frac{G(x, \xi)}{(x - \xi)^\alpha} \qquad (0 < \alpha < 1)$$

et l'équation s'écrit

$$(9) \qquad \varphi(x) = \int_0^x \frac{G(x, \xi)}{(x - \xi)^\alpha}\, u(\xi)\, d\xi,$$

$G(x, \xi)$ étant continue, ainsi que sa première dérivée $\dfrac{\partial G}{\partial x}$, dans le champ donné et telle que l'on ait

$$|G(x, \xi)| < M, \qquad \left| \frac{\partial G(x, \xi)}{\partial x} \right| < N.$$

Nous allons indiquer un procédé permettant d'éliminer la singularité pour $x = \xi$.

Multiplions par $\dfrac{dx}{(z - x)^{1-\alpha}}$ l'égalité (9) et intégrons entre les limites $0, z$.

Nous aurons

$$\int_0^z \frac{\varphi(x)\, dx}{(z - x)^{1-\alpha}} = \int_0^z \frac{dx}{(z - x)^{1-\alpha}} \int_0^x \frac{G(x, \xi)}{(x - \xi)^\alpha}\, u(\xi)\, d\xi$$

et, d'après la formule de Dirichlet,

$$\int_0^z \frac{\varphi(x)\, dx}{(z - x)^{1-\alpha}} = \int_0^z u(\xi)\, d\xi \int_\xi^z \frac{G(x, \xi)\, dx}{(z - x)^{1-\alpha}(x - \xi)^\alpha}.$$

---

[1] V. Volterra, *Atti Accad. Torino*, t. XXXI, 1896, Note II.

Posons

(α)
$$\int_0^z \frac{\varphi(x)\,dx}{(z-x)^{1-\alpha}} = f(z),$$

(β)
$$\int_\xi^z \frac{G(x,\xi)\,dx}{(z-x)^{1-\alpha}(x-\xi)^\alpha} = L(z,\xi),$$

nous obtenons finalement l'équation de première espèce

(10)
$$f(z) = \int_0^z L(z,\xi)\,u(\xi)\,d\xi,$$

dont le *noyau* $L(z,\xi)$ *est fini*. En effet posons

$$x = \xi + (z-\xi)t,$$

il viendra

(γ)
$$L(z,\xi) = \int_0^1 \frac{G[(z-\xi)t+\xi,\,\xi]}{(1-t)^{1-\alpha}t^\alpha}\,dt.$$

En remplaçant G par la constante M supérieure à son module, on a enfin

$$|L(z,\xi)| < M \int_0^1 \frac{dt}{(1-t)^{1-\alpha}t^\alpha} = M\,\frac{\pi}{\sin\alpha\pi}.$$

L est donc finie. On voit aussi facilement qu'elle est continue et l'on a de plus

(δ)
$$L(z,z) = G(z,z)\,\frac{\pi}{\sin\alpha\pi}.$$

Remarquons que, d'après l'équation (10), $f(z)$ sera infiniment petite d'ordre α par rapport à z, si l'on suppose $\varphi(0) \neq 0$. Il est très facile de démontrer, pour la légitimité du procédé employé, que *toute solution de* (10) *satisfait l'équation* (9). L'équation (10) est évidemment réductible à la deuxième espèce, car $f'(z)$ et $\frac{\partial L}{\partial z}$ sont finies et continues dans l'intervalle donné.

En effet, en intégrant par parties le deuxième membre de (α), on trouve

$$f(z) = \frac{1}{\alpha}\int_0^z \varphi'(x)(z-x)^\alpha\,dx,$$

d'où par dérivation

$$f'(z) = \int_0^z \frac{\varphi'(x)}{(z-x)^{1-\alpha}}\,dx.$$

Donc $f(z)$ est finie et continue. Dérivons (γ) par rapport à z, il viendra

$$\frac{\partial\, L(z,\xi)}{\partial z} = \int_0^1 \frac{\partial\, G[(z-\xi)t+\xi,\xi]}{\partial x}\left(\frac{t}{1-t}\right)^{1-\alpha} dt$$

et, comme $\dfrac{\partial G}{\partial x} < N$,

$$\frac{\partial\, L(z,\xi)}{\partial z} < N\int_0^1\left(\frac{t}{1-t}\right)^{1-\alpha} dt = \frac{\pi(1-\alpha)N}{\sin \alpha\pi},$$

donc $\dfrac{\partial L}{\partial z}$ est finie dans l'intervalle donné. On démontre qu'elle est aussi continue. Alors on peut appliquer, pour résoudre l'équation (10), le procédé connu, et la ramener à l'équation de deuxième espèce

$$(11) \qquad \frac{f'(z)}{L(z,z)} = u(z) + \int_0^z \frac{\dfrac{\partial L}{\partial z}}{L(z,z)}\, u(\xi)\, d\xi$$

qui, résolue, donne $u(z)$ sous la seule condition $L(z,z)\neq 0$ ou bien $G(z,z)\neq 0$; pour obtenir la formule d'inversion de (9) on se sert des relations (α), (β), (δ); nous ne développerons pas les calculs.

On voit aisément que *l'équation d'Abel* correspond au cas de $G=1$. Il est intéressant d'étudier le cas particulier

$$G(x,\xi) = G(x-\xi).$$

M. Sonine ([1]) en 1884 étudia ce cas en employant des séries de puissances. Soit

$$(\varepsilon) \qquad \varphi(x) = \sum_{i=0}^{\infty} A_i x^i, \qquad A_0 = 1$$

et calculons le développement

$$(\zeta) \qquad \frac{1}{\varphi(x)} = \sum_{i=0}^{\infty} B_i x^i, \qquad B_0 = 1.$$

([1]) Sonine, *Sur une généralisation de la formule d'Abel (Acta Mathem.*, 1884).

Si μ, ν sont deux nombres positifs tels que $\mu + \nu = 1$, en posant

$$(\varepsilon') \qquad S(x) = x^{-\mu} \sum_{i=0}^{\infty} \frac{A_i x^i}{\Gamma(i - \mu + 1)},$$

$$(\zeta') \qquad K(x) = x^{-\nu} \sum_{i=0}^{\infty} \frac{B_i x^i}{\Gamma(i - \nu + 1)},$$

on trouve

$$1 = \int_{\xi}^{x} K(x - z) S(z - \xi)\, dz$$

et par suite

$$\int_0^x f(\xi)\, d\xi = \int_0^x K(x - z)\, dz \int_0^z f(\xi) S(z - \xi)\, d\xi.$$

Donc l'équation fonctionnelle

$$(12) \qquad \varphi(x) = \int_0^x K(x - \xi)\, u(\xi)\, d\xi$$

est résolue par

$$(12') \qquad u(x) = \int_0^x S(x - \xi)\, \varphi'(\xi)\, d\xi;$$

cette formule devient celle d'Abel lorsque la série $\varphi(x)$ se réduit à son premier terme

Mais la formule que l'on tire de (11), en supposant

$$G(x, \xi) = G(x - \xi).$$

est plus générale que celle de M. Sonine, parce que pour l'établir il n'est pas nécessaire de partir du développement en *série de Taylor*. Lorsqu'on suppose que $G(x - \xi)$ est développable en une série de puissances, on trouve les formules (ε'), (ζ'), (12), (12') par le même procédé que nous avons suivi à la fin du paragraphe précédent.

Il faut remarquer qu'il n'est pas nécessaire que les développements (ε) et (ζ) soient convergents. La règle pour passer de la fonction K à la fonction S devient une *règle formelle* tout à fait analogue à celle que nous avons donnée dans le paragraphe précédent ([1]).

Cas où le noyau $K(x, x) = 0$. — Supposons que l'équation

$$K(x, x) = 0$$

([1]) V. VOLTERRA, *Annali di Matemat.*, art. III.

admette dans l'intervalle $\overline{ob}$ un nombre fini de racines

$$x_1, \quad x_2, \quad \ldots, \quad x_n$$

ordonnées par ordre croissant; alors la résolution de l'équation

$$(1) \qquad \varphi(x) = \int_0^x K(x, \xi)\, u(\xi)\, d\xi$$

pour

$$0 < x < x_1$$

rentre dans le problème que nous venons de traiter; mais il n'en est pas ainsi lorsqu'on veut déterminer $u(x)$ pour des valeurs de $x > x_1$. Il suffit évidemment de résoudre (1) dans le cas où $K(x, x)$ s'annule seulement pour $x = 0$, c'est-à-dire quand

$$K(0, 0) = 0.$$

L'étude des cas où la question est résoluble a été fait par M. Volterra ([1]), mais pour l'exposition de ses théorèmes nous suivons l'analyse de M. Lalesco ([2]), qui les a déduits de la théorie des équations différentielles linéaires :

Considérons d'abord le *cas particulier* où $K(x, \xi)$ est un polynome en x de degré n

$$(13) \qquad K(x, \xi) = a_0(\xi) + a_1(\xi)(\xi - x)$$
$$+ a_2(\xi)\frac{(\xi - x)^2}{2!} + \ldots + a_n(\xi)\frac{(\xi - x)^n}{n!},$$

où les fonctions a_i sont régulières à l'origine. En dérivant l'équation $(1)\,(n+1)$ fois par rapport à x, on trouve

$$(14) \quad \begin{cases} \varphi'(x) = a_0(x)\, u(x) - \displaystyle\int_0^x \left[a_1(\xi) + \ldots + a_n(\xi)\frac{(\xi - x)^{n-1}}{(n-1)!} \right] u(\xi)\, d\xi, \\[2ex] \varphi''(x) = [a_0(x)\, u(x)]' - [a_1(x)\, u(x)] \\[1ex] \qquad + \displaystyle\int_0^x \left[a_2(\xi) + \ldots + a_n(\xi)\frac{(\xi - x)^{n-2}}{(n-2)!} \right] u(\xi)\, d\xi, \\[2ex] \cdots\cdots\cdots\cdots\cdots\cdots\cdots\cdots\cdots\cdots\cdots\cdots\cdots\cdots\cdots, \\[1ex] \varphi^{(n)}(x) = [a_0(x)\, u(x)]^{(n-1)} - [a_1(x)\, u(x)]^{(n-2)} + \ldots \\[1ex] \qquad + (-1)^{(n-1)}[a_{n-1}(x)\, u(x)] + (-1)^n \displaystyle\int_0^x a_n(\xi)\, u(\xi)\, d\xi \end{cases}$$

([1]) V. Volterra, *Atti Torino* (Notes III et IV).

([2]) *Sur l'équation de Volterra* (*Journal de Mathématiques*, 1908).

et

$$(14)' \quad \varphi^{(n+1)}(x) = [a_0(x)\,u(x)]^{(n)} \\ - [a_1(x)\,u(x)]^{(n-1)} + \ldots + (-1)^n[a_n(x)\,u(x)].$$

On a réduit ainsi l'équation intégrale à une équation différentielle linéaire d'ordre n, qui a pour *adjointe* l'équation

$$(15) \quad \varphi^{(n+1)}(x) = a_0(x)v^{(n)} + a_1(x)v^{(n-1)} + \ldots + a_{n-1}(x)v' + a_n(x)v.$$

Réciproquement soit $u(x)$ une solution de l'équation $(14')$ qui satisfait à l'origine $(x=0)$ aux relations

$$(16) \quad \begin{cases} \varphi'(0) = a_0(0)\,u(0), \\ \varphi''(0) = a_0(0)\,u'(0) + [a_0'(0) - a_1(0)]\,u(0), \\ \ldots\ldots\ldots\ldots\ldots\ldots\ldots\ldots\ldots\ldots\ldots, \\ \varphi^{(n)}(0) = a_0(0)\,u^{(n-1)}(0) + [(n-1)a_0'(0) - a_1(0)]\,u^{(n-2)}(0) + \ldots \\ \qquad + [a_0^{(n-1)}(0) + a_1^{(n-2)}(0) + \ldots + a_{n-1}(0)]\,u(0), \end{cases}$$

que l'on obtient en faisant dans les équations (14) $x = 0$. Alors par n intégrations successives, on peut remonter à l'équation intégrale (1) et la fonction $u(x)$ représente bien une solution de (1). Si $a_0(0) = \mathrm{K}(0,0) \neq 0$ le système linéaire (16) nous donne donc d'une manière unique les valeurs de la solution et de ses $(n-1)$ dérivées à l'origine

$$u(0), \quad u'(0), \quad \ldots, \quad u^{(n-1)}(0),$$

et dans ce cas l'équation (1) admet une seule solution régulière à l'origine. Ce résultat ressort immédiatement de ceux que nous avons déjà établis dans le paragraphe précédent.

Mais nous sommes en état de traiter le cas où $\mathrm{K}(0,0) = a_0(0) = 0$. Supposons que le degré minimum des termes en x, ξ qui composent $\mathrm{K}(x,\xi)$ soit n: alors, d'après (13), on voit que $a_0(\xi), a_1(\xi), \ldots,$ $a_{n-1}(\xi)$ doivent s'annuler à l'origine au moins d'ordres n, $n-1, \ldots, 1$ respectivement, soit qu'on peut écrire

$$(17) \qquad (i = 0, 1, 2, \ldots, n) \qquad a_i(\xi) = \xi^{n-i}(\alpha_i + \beta_i\xi + \ldots),$$

où $\alpha_0, \ldots, \alpha_n$ ne s'annulent pas simultanément.

Si l'on introduit la *condition essentielle* $\alpha_0 \neq 0$, le système (16) nous donne

$$\varphi'(0) = \varphi''(0) = \ldots = \varphi^{(n)}(0) = 0;$$

V.   5

ainsi pour que la solution soit finie à l'origine il faut que

$$\varphi(x) = x^{n+1}\,\varphi_1(x).$$

Ensuite, puisque toute solution de l'équation différentielle (14′) régulière à l'origine est solution de l'équation intégrale et *vice versa*, il s'agit d'étudier l'équation (14′) qui peut s'écrire sous la forme

$$(18)\qquad \frac{\varphi^{(n+1)}(x)}{a_0(x)} = u^{(n)}(x) + p_1(x)\,u^{(n-1)}(x) + \ldots + p_n(x)\,u(x),$$

où, d'après (17), les coefficients $p_i(x)$ sont des fonctions uniformes dans une certaine région du plan à contour simple et ont un *pôle* à l'origine. On voit facilement que l'équation (18) ainsi que son *adjointe* (15) sont des *équations différentielles du type de Fuchs pour l'origine* [1], avec deuxième membre. Or une équation du type de Fuchs

$$y^{(n)} + \frac{f_1(x)}{x}\,y^{(n-1)} + \frac{f_2(x)}{x^2}\,y^{(n-2)} + \ldots + \frac{f_n(x)}{x^n}\,y = 0,$$

où les $f_i(x)$ sont holomorphes dans le domaine de l'origine, a pour *équation fondamentale déterminante* relative au point singulier $x = 0$

$$\rho(\rho-1)\ldots(\rho-n+1)$$
$$+\,\rho(\rho-1)\ldots(\rho-n+2)f_1(0) + \ldots + \rho f_{n-1}(0) + f_n(0) = 0.$$

Donc l'équation déterminante de l'équation (15) s'écrira

$$\rho(\rho-1)\ldots(\rho-n+1)\alpha_0 + \rho(\rho-1)\ldots(\rho-n+2)\alpha_1 + \ldots + \alpha_n = 0.$$

Par la substitution $\rho = -r-1$, on a l'équation déterminante de l'adjointe (18)

$$(19)\quad (r+1)(r+2)\ldots(r+n)\alpha_0 - (r+1)\ldots(r+n-1)\alpha_1 + \ldots + (-1)^n\alpha_n = 0.$$

Supposons que les racines $r_1, r_2, \ldots, r_n$ soient différentes entre elles et leurs différences ne soient pas des nombres entiers. Alors l'équation (18), supposée sans second membre, admet les intégrales

$$u_1 = x^{r_1}\psi_1(x),\quad \ldots,\quad u_n = x^{r_n}\psi_n(x),$$

---

[1] Pour la théorie de cette équation, *voir* E. Picard, *Analyse*, t. III, Chap. XI.

les fonctions $\psi_i(x)$ étant holomorphes dans un domaine de l'origine et différentes de zéro en ce point. Son intégrale générale est

$$C_1 x^{r_1} \psi_1(x) + C_2 x^{r_2} \psi_2(x) + \ldots + C_n x^{r_n} \psi_n(x).$$

Donc la solution générale de l'équation (18) [ou bien de $(14')$] avec deuxième membre s'écrit

$$(20) \qquad u(x) = C_1 x^{r_1} \psi_1(x) + \ldots + C_n x^{r_n} \psi_n(x) + \psi(x),$$

en désignant par $\psi(x)$ une intégrale particulière.

Or, pour voir si la solution est *finie à l'origine*, il faut examiner le *signe de la partie réelle des racines* $r_1, \ldots, r_n$ de l'équation déterminante (19). Une solution particulière $\psi(x)$ de l'équation (18) est donnée, en appliquant la méthode de la variation des constantes, par la formule

$$(21) \qquad x^{r_1} \psi_1(x) \int_0^x \frac{Q_1(x)\,dx}{x^{r_1+1}}$$
$$+ x^{r_2} \psi_2(x) \int_0^x \frac{Q_2(x)\,dx}{x^{r_2+1}} + \ldots + x^{r_n} \psi_n(x) \int_0^x \frac{Q_n(x)\,dx}{x^{r_n+1}},$$

où $Q_1(x), \ldots, Q_n(x)$ sont des fonctions régulières à l'*origine*.

Il existe une *seule solution finie à l'origine si l'on doit prendre*

$$C_1 = C_2 = C_3 = \ldots = C_n = 0;$$

cela exige que toutes les racines $r_1, \ldots, r_n$ *de l'équation déterminante aient leurs parties réelles négatives : dans cette hypothèse la solution particulière* (21) *sera l'unique solution finie à l'origine.* Nous avons ainsi établi le théorème pour le cas particulier envisagé. Mais pour l'énoncer sous la forme donnée par M. Volterra, remplaçons r par $-r$ dans l'équation (19), on obtiendra

$$(19') \quad (r-1)(r-2)\ldots(r-n)z_0 + (r-1)\ldots(r-n+1)z_1 + \ldots$$
$$+ (r-1)(r-2)\ldots(r-n+k)z_k + \ldots + z_n = 0.$$

Écrivons le noyau sous la forme

$$K(x, \xi) = A_0 x^n + A_1 x^{n-1}\xi + \ldots + A_{n-1} x\xi^{n-1} + A_n \xi^n.$$

On peut déterminer les z_i en fonction des A_i en posant $\xi = x$ dans l'équation (13) et dans ses n premières dérivées :

$$\alpha_0 = A_n + A_{n-1} + \ldots + A_0,$$
$$(-1)\alpha_1 = A_{n-1} + 2A_{n-2} + \ldots + nA_0,$$
$$\ldots\ldots\ldots\ldots\ldots\ldots\ldots\ldots\ldots\ldots,$$
$$(-1)^{n-2}\frac{\alpha_{n-2}}{(n-2)!} = A_2 + (n-1)A_1 + \frac{(n-1)n}{2}A_0,$$
$$(-1)^{n-1}\frac{\alpha_{n-1}}{(n-1)!} = A_1 + nA_0,$$
$$(-1)^n\frac{\alpha_n}{n!} = A_0.$$

Substituant dans l'équation (19'), ordonnant par rapport aux A_i et divisant par

$$(r-1)(r-2)\ldots(r-n-1),$$

on trouve enfin l'équation

$$(19'') \qquad \frac{A_0}{r-1} + \frac{A_1}{r-2} + \ldots + \frac{A_n}{r-(n+1)} = 0,$$

dont les racines doivent avoir leurs parties réelles positives, puisque nous avons changé dans (19) r en $-r$.

Passons au cas général où le noyau est de la forme

$$K(x,\xi) = a_0(\xi) + a_1(\xi)\frac{\xi-x}{1} + \ldots + a_n(\xi)\frac{(\xi-x)^n}{n!} + \ldots,$$

ce développement étant convergent pour

$$|\xi| < a, \qquad |\xi-x| < R,$$

et soit n le degré minimum des termes en x, ξ; alors on peut écrire

$$K(x,\xi) = \sum_{i=0}^{n} A_i x^{n-i}\xi^i + H(x^r,\xi^s) \qquad (s+r > n),$$

où l'on a représenté par $H(x^r,\xi^s)$ l'ensemble des termes d'un degré supérieur à n en x, ξ.

Dans ces hypothèses, dérivons $(n+1)$ fois l'équation (1), par rapport à x, en posant

$$\frac{\partial^n K(x,\xi)}{\partial(\xi-x)^n} = K_n(x,\xi),$$

on trouve l'équation

$$(22) \quad D[u(x)] = [a_0(x)\,u(x)]^{(n)} \\ - [a_1(x)\,u(x)]^{(n-1)} + \ldots + (-1)^n\,a_n(x)\,u(x) \\ + (-1)^{n+1} \int_0^x K_n(x,\xi)\,u(\xi)\,d\xi = \varphi^{(n+1)}(x),$$

qu'on peut résoudre par des approximations successives, cherchant une solution de la forme

$$(\alpha) \qquad u(x) = u_0 + (u_1 - u_0) + (u_2 - u_1) + \ldots.$$

En première approximation, négligeant le terme intégral, on a une équation différentielle linéaire d'ordre n et du type de Fuchs :

$$(23) \quad D[u_0(x)] = [a_0(x)\,u_0(x)]^{(n)} - [a_1(x)\,u_0(x)]^{(n-1)} + \ldots \\ + (-1)^n \lceil a_n(x)\,u_0(x) \rceil = \varphi^{(n+1)}(x)$$

et nous venons de voir que, si l'équation algébrique $(19'')$ correspondante a toutes ses *racines à parties réelles positives*, l'équation (23) a une seule solution finie à l'origine de la forme

$$(24) \qquad u_0(x) = x^{r_1}\,\psi_1(x) \int_0^x \frac{Q_1(x)\,\varphi^{(n+1)}(x)\,dx}{x^{r_1+1}} \\ + \ldots\ldots\ldots\ldots\ldots\ldots\ldots \\ + x^{r_n}\,\psi_n(x) \int_0^x \frac{Q_n(x)\,\varphi^{(n+1)}(x)\,dx}{x^{r_n+1}},$$

où $\psi_1(x), \ldots, \psi_n(x)$; $Q_1(x), \ldots, Q_n(x)$ sont des fonctions régulières à l'origine dépendant de l'équation $D[u_0(x)] = 0$. Les autres approximations donnent des équations différentielles linéaires analogues

$$(23') \quad \begin{cases} D[u_1(x)] = (-1)^n \int_0^x K_n(x,\xi)\,u_0(\xi)\,d\xi, \\ \ldots\ldots\ldots\ldots\ldots\ldots\ldots\ldots\ldots, \\ D[u_p(x)] = (-1)^n \int_0^x K_n(x,\xi)\,u_{p-1}(\xi)\,d\xi, \\ \ldots\ldots\ldots\ldots\ldots\ldots\ldots\ldots\ldots \end{cases}$$

En remplaçant dans l'équation (24) et dans les formules analogues qu'on trouverait en résolvant les équations $(23')$ les quantités qui sont écrites dans le deuxième membre par leurs modules maxima, on démontre aisément, par la *méthode des fonctions majorantes*, la *convergence* absolue et uniforme de la série (α) dans un certain cercle.

Enfin, par ($n + 1$) intégrations successives, on peut remonter à *l'équation intégrale* (1) et il ne faut pas introduire de constantes arbitraires puisque

$$\varphi(x) = x^{n+1}\,\varphi_1(x).$$

Nous sommes donc en état d'énoncer le théorème suivant :

Si, dans l'équation intégrale (1), on a

$$\varphi(x) = x^{n+1}\,\varphi_1(x),$$

$$K(x, \xi) = \sum_{i=0}^{n} A_i x^{n-i}\xi^i + H(x^r, \xi^s) \qquad (r + s > n),$$

φ_1 et H étant finies et continues ainsi que leurs dérivées pour $0 \geqq \xi \geqq x \geqq b$, et

$$A_0 + A_1 + \ldots + A_n = \alpha_0 \neq 0\,;$$

si en outre $K(x, x)$ ne s'annule que pour $x = 0$, *il existe une seule solution finie à l'origine, lorsque toutes les racines de l'équation algébrique* $(19'')$ *étant différentes entre elles et n'ayant pas leurs différences entières* ([1]) *ont leurs parties réelles positives.*

Si la condition

$$A_0 + A_1 + \ldots + A_n = \alpha_0 \neq 0$$

n'est pas remplie, il faut traiter à part chaque cas. Ainsi **M. E. Holmgren** ([2]) a étudié le cas où $n = 1$.

Enfin remarquons que, si quelques racines de l'équation algébrique $(19'')$ ont leurs parties réelles *négatives*, le problème est *indéterminé*. Pour établir ce point et pour la discussion de la condition $\alpha_0 = 0$, nous renverrons, ainsi qu'aux travaux de M. Volterra et de M. Holmgren déjà cités, au Mémoire de **M. T. Lalesco** (Partie I, n°s 7-8) qui a retrouvé et complété d'une façon directe ces résultats.

([1]) On peut voir que cette condition n'est pas nécessaire (LALESCO, *loc. cit.* p. 142).

([2]) E. HOLMGREN, *Sur un théorème de M. Volterra*, etc. (*Atti Torino*, t. XXXV, 1900).

IV. — Systèmes d'équations intégrales ([1]).

Envisageons le système de n équations intégrales que nous appellerons *système de deuxième espèce* :

$$(1) \quad \varphi_h(x) = u_h(x) + \int_0^x \sum_{g=1}^n K_{hg}(x, \xi)\, u_g(\xi)\, d\xi \qquad (h = 1, 2, 3, \ldots, n).$$

Soient $u_1, u_2, \ldots, u_n$, les fonctions inconnues. Nous supposerons que les noyaux K_{hg} sont *finis* et *intégrables* pour

$$0 \leqq \xi \leqq x \leqq b,$$

qu'ils satisfont à la condition

$$|K_{hg}| < M$$

et qu'on peut toujours invertir l'ordre des intégrations.

La résolution s'obtient grâce à *trois principes fondamentaux* analogues à ceux que nous avons déjà développés.

Construisons par quadratures les fonctions

$$(2) \quad \begin{cases} K_{hg}^{(1)} = - K_{hg}(x, \xi) & (h, g = 1, 2, \ldots, n), \\[2mm] K_{hg}^{(i)} = \int_\xi^x \sum_{r=1}^n K_{hr}^{(j)}(x, z)\, K_{rg}^{(i-j)}(z, \xi)\, dz & (j = 1, 2, \ldots, i-1); \end{cases}$$

alors

$$|K_{hg}^{(i+1)}(x, \xi)| < n^i \frac{M^{i+1}}{i!} (x - \xi)^i$$

et les séries

$$(3) \quad S_{hg}(x, \xi) = \sum_{i=1}^\infty K_{hg}^{(i)}(x, \xi) \qquad (h, g = 1, 2, \ldots, n)$$

sont *uniformément convergentes dans le champ envisagé et représentent n^2 fonctions S_{hg} finies et continues* (*principe de convergence*). En étudiant la forme des restes des séries (3) on constate, tout à fait comme dans le cas d'une seule équation, que

$$(4) \quad \begin{cases} S_{hg}(x, \xi) + K_{hg}(x, \xi) = -\int_\xi^x \sum_{r=1}^n S_{hr}(x, z)\, K_{rg}(z, \xi)\, dz \\[3mm] \qquad\qquad = -\int_\xi^x \sum_{r=1}^n K_{hr}(x, z)\, S_{rg}(z, \xi)\, dz \\[2mm] \qquad\qquad (h, g = 1, 2, \ldots, n) \end{cases}$$

([1]) Volterra, *Rend. Lincei*, 15 mars 1896, p. 183.

et

$$K_{hg}(x, \xi) = \sum_{i=1}^{\infty} S_{hg}^{(i)}(x, \xi),$$

où

$$(6) \quad \begin{cases} S_{hg}^{(1)}(x, \xi) = - S_{hg}(x, \xi), \\ S_{hg}^{(i)}(x, \xi) = \int_{\xi}^{x} \sum_{r=1}^{n} S_{hr}^{(j)}(x, z) \, S_{rg}^{(i-j)}(z, \xi) \, dz \quad (j = 1, 2, \ldots, i-1) \end{cases}$$

(*principe de réciprocité*).

C'est pourquoi, en prenant arbitrairement un des deux groupes de fonctions K_{hg}, S_{hg}, on peut calculer l'autre par de simples quadratures.

Enfin, en appliquant au système (1) les opérations analogues à celles que nous avons faites précédemment (§ **2**, III), on a

$$\int_{0}^{z} \sum_{g=1}^{n} S_{hg}(z, x) \, [u_g(x) - \varphi_g(x)] \, dx$$

$$= \int_{0}^{z} \sum_{r=1}^{n} [K_{hr}(z, \xi) + S_{hr}(z, \xi)] \, u_r(\xi) \, d\xi;$$

donc

$$\int_{0}^{z} \sum_{g=1}^{n} S_{hg}(z, x) \, \varphi_g(x) \, dx = - \int_{0}^{z} \sum_{r=1}^{n} K_{hr}(z, \xi) \, u_r(\xi) \, d\xi = u_h(z) - \varphi_h(z),$$

c'est-à-dire que *l'inversion du système d'équations intégrales* (1)

$$(\mathrm{A}) \qquad \varphi_h(x) = u_h(x) + \int_{0}^{x} \sum_{r=1}^{n} K_{hr}(x, \xi) \, u_r(\xi) \, d\xi$$

est donnée par le système

$$(\mathrm{B}) \qquad u_h(x) = \varphi_h(x) + \int_{0}^{x} \sum_{g=1}^{n} S_{hg}(x, \xi) \, \varphi_g(\xi) \, d\xi$$

et réciproquement (*principe d'inversion*).

Nous appellerons *système de première espèce* le suivant :

$$(7) \qquad \varphi_h(x) = \int_{0}^{x} \sum_{g=1}^{n} K_{hg}(x, \xi) \, u_g(\xi) \, d\xi$$

et nous supposerons que les fonctions φ_h et K_{hg} soient finies, continues et dérivables dans l'intervalle donné. Dérivons alors une fois par rapport à x. Nous obtiendrons

$$(8) \qquad \varphi_h'(x) = \sum_{g=1}^{n} K_{hg}(x,x)\, u_g(x) + \int_0^x \sum_{g=1}^{n} \frac{\partial K_{hg}(x,\xi)}{\partial x}\, u_g(\xi)\, d\xi.$$

Envisageons le déterminant

$$D(x,\xi) = \begin{vmatrix} K_{11}(x,\xi) & \ldots & K_{1n}(x,\xi) \\ \cdots\cdots\cdots & \ldots & \cdots\cdots\cdots \\ K_{n1}(x,\xi) & \ldots & K_{nn}(x,\xi) \end{vmatrix};$$

si $D(x,x) \neq 0$, en désignant par $H_{hg}(x,x)$ les *éléments réciproques* des $K_{hg}(x,x)$ divisés par $D(x,x)$, on trouve, par la résolution d'équations algébriques ordinaires,

$$\sum_{h=1}^{n} H_{hr}(x,x)\, \varphi_h'(x) = u_r(x) + \int_0^x \sum_{g=1}^{n} u_g(\xi) \sum_{h=1}^{n} H_{hr}(x,x) \frac{\partial K_{hg}(x,\xi)}{\partial x}\, d\xi,$$

d'où, en posant

$$\sum_{h=1}^{n} H_{hr}(x,x)\, \varphi_h'(x) = \Psi_r(x),$$

$$\sum_{h=1}^{n} H_{hr}(x,x) \frac{\partial K_{hg}(x,\xi)}{\partial x} = \Phi_{rg}(x,\xi),$$

on tire

$$(9) \qquad \Psi_r(x) = u_r(x) + \int_0^x \sum_{g=1}^{n} \Phi_{rg}(x,\xi)\, u_g(\xi)\, d\xi.$$

Donc le système (7) est, si $D(x,x) \neq 0$, réduit à *un système de deuxième espèce* (9) et la résolution du système transformé (9) est donné par la méthode que nous venons d'exposer.

Le cas où $D(x,x)$ s'annule a été étudié par M. T. Lalesco [1] par un procédé analogue à celui qu'on emploie pour l'équation de première espèce; il faut dériver le système (7) jusqu'à ce qu'on

---

[1] T. LALESCO, *Sur l'équation de Volterra* (*Journ. de Mathém.*, t. I, 1908, p. 171).

obtienne, en négligeant l'intégrale, un système *d'équations différentielles fuchsiennes*. On peut supposer, pour fixer les idées, que le système (7) soit formé par *deux équations;* alors, en désignant par n l'ordre du zéro de $D(o, o)$, si n est impair $(n = 2k + 1)$, il faut dériver k fois l'une des deux équations du système (7) et $k + 1$ fois l'autre; si n est pair $(n = 2k)$ il faut dériver k fois les deux équations.

Ainsi, l'on trouve un système de deux équations *fuchsiennes* d'ordre n à une seule inconnue, auxquelles il faut adjoindre deux équations algébriques *déterminantes* pour discuter le problème. La discussion dépend, comme dans le cas de l'équation de première espèce, *du signe de la partie réelle de leurs racines*, et de deux conditions analogues à celle du n° 3 : $A_0 + A_1 + A_2 + \ldots + A_n \neq o$.

V. — Inversion des intégrales multiples [1].

1. Équations de deuxième espèce. — Soit l'équation de deuxième espèce de Volterra à n variables indépendantes

$$(1) \quad \varphi(x_1, \ldots, x_n) = u(x_1, \ldots, x_n)$$
$$+ \int_0^{x_1} d\xi_1 \ldots \int_0^{x_n} K(x_1, \ldots, x_n \mid \xi_1, \ldots, \xi_n)\, u(\xi_1, \ldots, \xi_n)\, d\xi_n,$$

et supposons que dans le domaine

$$o \leqq \xi_i \leqq x_i \leqq b \qquad (i = 1, 2, \ldots, n),$$

le noyau K soit une fonction finie et intégrable des $2n$ variables $x_1, \ldots, x_n; \xi_1, \ldots, \xi_n$. En outre, soit $|K| < M$ et supposons qu'on peut toujours invertir l'ordre des intégrations.

La méthode de résolution est l'extension du procédé employé dans le cas d'une seule variable (§ 2). Il est inutile de développer les calculs : nous nous bornerons à énoncer le résultat :

La solution de l'équation (1) est donnée par

$$(2) \quad u(x_1, \ldots, x_n) = \varphi(x_1, \ldots, x_n)$$
$$+ \int_0^{x_1} d\xi_1 \ldots \int_0^{x_n} S(x_1, \ldots, x_n \mid \xi_1, \ldots, \xi_n)\, \varphi(\xi_1, \ldots, \xi_n)\, d\xi_n,$$

---

[1] V. Volterra, *Lincei*, 1896 (Note II).

où

$$(3) \qquad S(x_1, \ldots, x_n \, \xi_1, \ldots, \xi_n) = \sum_{i=1}^{\infty} K^{(i)}(x_1, \ldots, x_n \, \xi_1, \ldots, \xi_n),$$

$$(4) \quad \begin{cases} K^{(1)}(x_1,\ldots,x_n|\xi_1,\ldots,\xi_n) = - K(x_1, \ldots, x_n|\xi_1,\ldots,\xi_n), \\[2mm] K^{(i)}(x_1,\ldots,x_n|\xi_1,\ldots,\xi_n) = \int_{\xi_1}^{x_1} dz_1 \ldots \int_{\xi_n}^{x_n} K^{(j)}(x_1, \ldots, x_n|z_1, \ldots, z_n) \\[2mm] \qquad\qquad\qquad\qquad K^{(i-j)}(z_1, \ldots, z_n|\xi_1, \ldots, \xi_n)\, dz_n \\[2mm] \qquad\qquad (j = 1, 2, \ldots, i-1). \end{cases}$$

Pour démontrer cette proposition (*principe d'inversion*), on démontre d'abord que la série (3) est convergente (*principe de convergence*) et qu'on a les relations

$$(5) \quad \begin{cases} K(x_1, \ldots, x_n|\xi_1, \ldots, \xi_n) + S(x_1, \ldots, x_n|\xi_1, \ldots, \xi_n) \\[2mm] = -\int_{\xi_1}^{x_1} dz_1 \ldots \int_{\xi_n}^{x_n} K(x_1,\ldots,x_n|z_1,\ldots,z_n) S(z_1,\ldots,z_n|\xi_1,\ldots,\xi_n)\, dz_n \\[2mm] = -\int_{\xi_1}^{x_1} dz_1 \ldots \int_{\xi_n}^{x_n} S(x_1,\ldots,x_n|z_1,\ldots,z_n) K(z_1,\ldots,z_n|\xi_1,\ldots,\xi_n)\, dz_n, \end{cases}$$

et aussi

$$(3') \qquad K(x_1, \ldots, x_n|\xi_1, \ldots, \xi_n) = \sum_{i=1}^{\infty} S^{(i)}(x_1, \ldots, x_n|\xi_1, \ldots, \xi_n)$$

avec

$$(4') \quad \begin{cases} S^{(1)}(x_1,\ldots,x_n|\xi_1,\ldots,\xi_n) = - S(x_1, \ldots, x_n|\xi_1, \ldots, \xi_n) \\[2mm] S^{(i)}(x_1,\ldots,x_n|\xi_1,\ldots,\xi_n) = \int_{\xi_1}^{x_1} dz_1 \ldots \int_{\xi_n}^{x_n} S^{(j)}(x_1,\ldots,x_n|z_1,\ldots,z_n) \\[2mm] \qquad\qquad\qquad\qquad S^{(i-j)}(z_1, \ldots, z_n|\xi_1, \ldots, \xi_n)\, dz_n \\[2mm] \qquad\qquad (j = 1, 2, \ldots, i-1). \end{cases}$$

Elles constituent le *principe de réciprocité*.

II. ÉQUATIONS DE PREMIÈRE ESPÈCE. — Pour simplifier les calculs supposons qu'il n'y ait que deux variables, le raisonnement s'étendant à un nombre quelconque de variables. Soit donc l'équation

$$(6) \qquad \varphi(x_1, x_2) = \int_0^{x_1} d\xi_1 \int_0^{x_2} K(x_1, x_2|\xi_1, \xi_2)\, u(\xi_1, \xi_2)\, d\xi_2.$$

L'idée la plus naturelle pour résoudre cette équation est de la réduire à une équation de deuxième espèce en suivant la même marche que dans le cas où la fonction inconnue ne dépend que d'une seule variable (§ III). Mais cette opération est dans ce cas plus compliquée. En effet dérivons l'équation (6) par rapport à x_1 et à x_2, nous obtiendrons

$$
\begin{aligned}
\frac{\partial^2 \varphi}{\partial x_1\,\partial x_2} = {}& u(x_1, x_2)\,\mathrm{K}(x_1, x_2 \mid x_2, x_2) \\
& + \int_0^{x_1} \frac{\partial\,\mathrm{K}(x_1, x_2 \mid \xi_1, x_2)}{\partial x_1}\, u(\xi_1, x_2)\, d\xi_1 \\
& + \int_0^{x_2} \frac{\partial\,\mathrm{K}(x_1, x_2 \mid x_1, \xi_2)}{\partial x_2}\, u(x_1, \xi_2)\, d\xi_2 \\
& + \int_0^{x_1}\int_0^{x_2} \frac{\partial^2\,\mathrm{K}(x_1, x_2 \mid \xi_1, \xi_2)}{\partial x_1\,\partial x_2}\, u(\xi_1, \xi_2)\, d\xi_1\, d\xi_2.
\end{aligned}
$$

En supposant $\mathrm{K}(x_1, x_2 \mid x_1, x_2) \neq 0$ la relation précédente, divisée par $\mathrm{K}(x_1, x_2 \mid x_1, x_2)$, prend la forme

$$
\begin{aligned}
\psi(x_1, x_2) = {}& u(x_1, x_2) + \int_0^{x_1} \mathrm{F}(x_1, x_2 \mid \xi_1)\, u(\xi_1, x_2)\, d\xi_1 \\
& + \int_0^{x_2} \Phi(x_1, x_2 \mid \xi_2)\, u(x_1, \xi_2)\, d\xi_2 \\
& + \int_0^{x_1}\int_0^{x_2} \mathrm{H}(x_1, x_2 \mid \xi_1, \xi_2)\, u(\xi_1, \xi_2)\, d\xi_1\, d\xi_2,
\end{aligned}
$$

équation dont le premier membre est connu, et le deuxième membre contient la fonction inconnue et des intégrales simples et doubles de la fonction inconnue.

Cela posé, conservons dans le second membre les deux premiers termes et transportons les autres dans le premier membre. En appelant le premier membre $\mathrm{T}(x_1, x_2)$, on aura

$$
\mathrm{T}(x_1, x_2) = u(x_1, x_2) + \int_0^{x_1} \mathrm{F}(x_1, x_2 \mid \xi_1)\, u(\xi_1, x_2)\, d\xi_1.
$$

Envisageons dans cette équation x_2 comme un paramètre constant et $\mathrm{T}(x_1, x_2)$ comme une fonction connue. On pourra la résoudre par rapport à $u(x_1, x_2)$ et l'on trouvera

$$
u(x_1, x_2) = \mathrm{T}(x_1, x_2) + \int_0^{x_1} \Psi(x_1, x_2 \mid \xi_1)\, \mathrm{T}(\xi_1, x_2)\, d\xi_1.
$$

Remplaçons $T(x_1, x_2)$ par sa valeur, c'est-à-dire par

$$\psi(x_1, x_2) - \int_0^{x_2} \Phi(x_1, x_2 \mid \xi_2)\, u(x_1, \xi_2)\, d\xi_2$$
$$- \int_0^{x_1} \int_0^{x_2} \mathrm{H}(x_1, x_2 \mid \xi_1, \xi_2)\, u(\xi_1, \xi_2)\, d\xi_1\, d\xi_2.$$

Il viendra

$$u(x_1, x_2) = \psi(x_1, x_2) - \int_0^{x_2} \Phi(x_1, x_2 \mid \xi_2)\, u(x_1, \xi_2)\, d\xi_2$$
$$+ \int_0^{x_1} \int_0^{x_2} \mathrm{G}(x_1, x_2 \mid \xi_1, \xi_2)\, u(\xi_1, \xi_2)\, d\xi_1\, d\xi_2,$$

où $\mathrm{G}(x_1, x_2 \mid \xi_1, \xi_2)$ est une fonction connue. Cette équation pourra s'écrire

$$u(x_1, x_2) + \int_0^{x_2} \Phi(x_1, x_2 \mid \xi_2)\, u(x_1, \xi_2)\, d\xi_2$$
$$= \psi(x_1, x_2) + \int_0^{x_1} \int_0^{x_2} \mathrm{G}(x_1, x_2 \mid \xi_1, \xi_2)\, u(\xi_1, \xi_2)\, d\xi_1\, d\xi_2 = \mathrm{V}(x_1, x_2).$$

Regardons dans cette équation x_1 comme un paramètre constant et $\mathrm{V}(x_1, x_2)$ comme une fonction connue. En résolvant cette équation intégrale par rapport à $u(x_1, x_2)$, on trouve

$$u(x_1, x_2) = \psi(x_1, x_2) + \int_0^{x_1} \int_0^{x_2} \mathcal{L}(x_1, x_2 \mid \xi_1, \xi_2)\, u(\xi_1, \xi_2)\, d\xi_1\, d\xi_2,$$

où $\mathcal{L}(x_1, x_2 \mid \xi_1, \xi_2)$ est une fonction connue. Cette dernière équation a la forme (1); en appliquant l'analyse précédente, on pourra donc en tirer $u(x_1, x_2)$ et l'on aura, par suite, résolu l'équation de première espèce (6).

Dans le cas où il y a non plus deux, mais n variables, il faudra dériver l'équation intégrale n fois par rapport aux n variables. On trouvera ainsi une relation où l'ordre des intégrales va de 1 jusqu'à n. Pour réduire la relation obtenue à une équation de deuxième espèce de la forme (1), il faudra éliminer les différentes intégrales par des résolutions successives d'équations intégrales tout à fait analogues à celles qui se présentent dans le cas $n = 2$. On arrive ainsi à la résolution de l'équation de première espèce.

V.

5*

VI. — Systèmes d'équations intégrales à plusieurs variables.

Soit le système de première espèce

$$(1) \quad \begin{cases} \varphi_h(x_1, \ldots, x_n) \\ = \int_0^{x_1} d\xi_1 \ldots \int_0^{x_n} \sum_{i=1}^{\nu} K_{ih}(x_1, \ldots, x_n \, \xi_1, \ldots, \xi_n) u_i(\xi_1, \ldots, \xi_n) d\xi_n, \end{cases}$$

où $u_i(\xi_1, \xi_2, \ldots, \xi_n)$ sont les fonctions inconnues, $h = 1, 2, \ldots, \nu$.
Dérivons par rapport à $x_1, \ldots, x_n$. Si le déterminant

$$\mathrm{D}(x_1, \ldots, x_n \,|\, \xi_1, \ldots, \xi_n) = \begin{vmatrix} K_{11}, & K_{12}, & \ldots & K_{1\nu} \\ \ldots & \ldots & \ldots & \ldots \\ K_{\nu 1}, & K_{\nu 2}, & \ldots & K_{\nu\nu} \end{vmatrix}$$

où l'on a fait $\xi_1 = x_1,\ \xi_2 = x_2,\ \ldots,\ \xi_n = x_n$ n'est pas nul, il en résulte

$$(2) \quad \psi_h(x_1, \ldots, x_n) = u_h(x_1. \ldots, x_n) + F_s \,|\, [u_1, \ldots, u_\nu] \,| \quad (h = 1, 2, \ldots, \nu),$$

où F_s représente une somme d'intégrales simples, doubles, ...,
n-uples, qui contient linéairement les inconnues, et ψ_h est connue.
En supposant connues $u_2, \ldots, u_\nu$ on tire u_1 de la première équation du système (2) par le procédé que nous venons de donner dans le paragraphe précédent. En substituant la valeur de u_1 dans les autres équations on aura, entre les inconnues $u_2, \ldots, u_\nu$, un système de $(\nu - 1)$ équations qui conservent la forme (2). En continuant ainsi on parvient enfin à une seule équation avec une seule inconnue.

Ce procédé montre aussi la voie qu'il faut suivre si le système donné est de seconde espèce.

VII. — Méthodes par approximations successives.

1. Nous allons exposer d'autres méthodes pour résoudre les équations intégrales.
Prenons l'équation de deuxième espèce

$$(1) \quad u(x) = \varphi(x) - \int_0^x K(x, \xi) u(\xi) d\xi;$$

posons, en *première approximation*,

$$u(x) = \varphi(x),$$

alors, *en seconde approximation*, il vient

$$u(\xi) = \varphi(\xi) - \int_0^\xi K(\xi, z)\, \varphi(z)\, dz;$$

en substituant cette valeur dans (1) on a

$$u(x) = \varphi(x) - \int_0^x K(x, \xi)\, \varphi(\xi)\, d\xi$$
$$+ \int_0^x K(x, \xi)\, d\xi \int_0^\xi K(\xi, z)\, \varphi(z)\, dz,$$

en appliquant ensuite au dernier terme la formule de Dirichlet et en se rappelant que (§ II)

$$- K(x, \xi) = K^{(1)}(x, \xi),$$
$$\int_\xi^x K(x, z)\, K(z, \xi)\, dz = K^{(2)}(x, \xi),$$

on a pour la *troisième approximation*

$$u(x) = \varphi(x) + \int_0^x [K^{(1)}(x, \xi) + K^{(2)}(x, \xi)]\, \varphi(\xi)\, d\xi.$$

En procédant ainsi de suite par substitutions successives dans (1) on obtient finalement la formule

$$(2) \qquad u(x) = \varphi(x) + \int_0^x \sum_{i=1}^\infty K^{(i)}(x, \xi)\, \varphi(\xi)\, d\xi,$$

qui *coïncide* avec celle obtenue (§ II) par une autre voie.

2. Si l'on a l'équation

$$(3) \qquad \varphi(x) = u(x) + \lambda \int_0^x K(x, \xi)\, u(\xi)\, d\xi,$$

où l'on a introduit un paramètre λ que l'on regarde comme une *variable complexe*, on peut employer la méthode de *développement en série des puissances de* λ pour calculer $u(x)$.

En effet écrivons

$$(4) \quad u(\lambda, x) = u(0, x) + \lambda\, u'(0, x) + \frac{\lambda^2}{2!}\, u''(0, x) + \ldots + \frac{\lambda^n}{n!}\, u^{(n)}(0, x) + \ldots$$

en posant

$$u^{(n)}(\lambda, x) = \frac{\partial^n u(\lambda, x)}{\partial \lambda^n}.$$

Il est facile de déterminer les $u^{(n)}(0, x)$.

On a d'abord

$$u(0, x) = \varphi(x).$$

En dérivant l'équation (3) par rapport à λ et en y faisant ensuite $\lambda = 0$, on obtient

$$u'(0, x) = -\int_0^x K(x, \xi) u(0, \xi) d\xi = \int_0^x K^{(1)}(x, \xi) \varphi(\xi) d\xi.$$

En dérivant deux fois l'équation (3) par rapport à λ et y posant $\lambda = 0$, on trouve

$$u''(0, x) = -2\int_0^x K(x, \xi) u'(0, \xi) d\xi$$

$$= 2\int_0^x K(x, \xi) d\xi \int_0^\xi K(\xi, z) \varphi(z) dz$$

$$= 2\int_0^x K^{(2)}(x, \xi) \varphi(\xi) d\xi,$$

et l'on calcule d'une manière analogue $u'''(0, x)$, etc. En substituant ces valeurs dans (4) on a enfin

$$(5) \quad u(\lambda, x) = \varphi(x) + \lambda \int_0^x K^{(1)}(x, \xi) \varphi(\xi) d\xi + \lambda^2 \int_0^x K^{(2)}(x, \xi) \varphi(\xi) d\xi + \dots$$

et comme la série $\sum K^{(i)} \lambda^i$ est uniformément convergente quel que soit le module de λ, la *solution* (5) *de l'équation* (3) *est une fonction holomorphe de λ dans tout le plan*.

Il est évident que si l'on fait dans la formule précédente $\lambda = 1$, on trouve la solution de l'équation (1).

3. Une méthode pour résoudre l'équation de première espèce

$$(6) \qquad \varphi(x) = \int_0^x K(x, \xi) u(\xi) d\xi$$

directement par *approximations successives* est due à M. Picard [1].

---

[1] E. PICARD, *Sur une équation fonctionnelle* (*Comptes rendus*, 2ᵉ sem. 1904).

Il envisage l'équation

$$(7) \quad \varphi(x) = \int_0^x K(\xi, \xi)\, u(\xi)\, d\xi + \lambda \int_0^x [K(x, \xi) - K(\xi, \xi)]\, u(\xi)\, d\xi,$$

qui pour $\lambda = 1$ se réduit à l'équation (6). On admet la condition $K(\xi, \xi) \neq 0$: il s'agit de trouver une solution de la forme

$$(8) \quad u(x) = u_0(x) + \lambda\, u_1(x) + \lambda^2\, u_2(x) + \ldots + \lambda^n\, u_n(x) + \ldots.$$

Il suffit de poser pour cela

$$(9) \quad \begin{cases} u_0 = \dfrac{\varphi'(x)}{K(x, x)}, \qquad H(x, \xi) = \dfrac{\partial K(x, \xi)}{\partial x}, \\[2ex] u_n = -\dfrac{1}{K(x, x)} \displaystyle\int_0^x H(x, \xi)\, u_{n-1}(\xi)\, d\xi, \end{cases}$$

et si

$$|u_0(x)| < N, \qquad |H(x, \xi)| < M, \qquad |K(x, x)| > L,$$

où M, N, L sont des quantités finies, on a

$$|u_n(x)| < N\left(\frac{M}{L}\right)^n \frac{x^n}{n!},$$

c'est-à-dire que la formule (8) donne une et une seule *solution fonction holomorphe* de λ pour

$$0 \leq \xi \leq x \leq b.$$

En faisant $\lambda = 1$, on retrouve la solution de M. Volterra.

Étudions maintenant le cas où le noyau devient infini pour $x = \xi$. Soit

$$K(x, \xi) = \frac{G(x, \xi)}{(x - \xi)^\alpha} \qquad (0 < \alpha < 1),$$

en supposant $G(x, \xi)$ continue dans l'intervalle donné, $G(x, x) \neq 0$ et $\varphi(0) = 0$. Considérons donc, au lieu de l'équation (7),

$$(10) \quad \varphi(x) = \int_0^x \frac{G(\xi, \xi)}{(x - \xi)^\alpha}\, u(\xi)\, d\xi + \lambda \int_0^x \frac{G(x, \xi) - G(\xi, \xi)}{(x - \xi)^\alpha}\, u(\xi)\, d\xi.$$

Posons

$$u(x) = u_0(x) + \lambda\, u_1(x) + \lambda^2\, u_2(x) + \ldots,$$

V.

$u_0(x)$ est déterminée par la *formule* d'Abel

$$(11) \qquad u_0(x) = \frac{\sin \alpha\pi}{\pi\, G(x, x)} \int_0^x \frac{\varphi'(\xi)\, d\xi}{(x-\xi)^{1-\alpha}},$$

et si $P(\xi, z)$ désigne une fonction que l'on construit aisément d'après la forme même de l'équation (10), on a

$$(12) \quad u_n(x) = - \frac{\sin \alpha\pi}{\pi\, G(x, x)} \int_0^x \frac{d\xi}{(x-\xi)^{1-\alpha}} \int_0^\xi \frac{P(\xi, z)}{(\xi-z)^\alpha}\, u_{n-1}(z)\, dz,$$

il est facile enfin de s'assurer de la convergence de la série précédente.

Il est intéressant d'étudier [1] l'équation (6) dans le cas où $K(x, \xi)$ et $\varphi(x)$ sont deux fonctions *analytiques* (régulières) de leurs arguments dans le domaine du point $x = \xi = 0$: la solution est régulière en $x = 0$ si l'on a de plus $\varphi(0) = 0$. Le noyau ayant la forme

$$K(x, \xi) = a_0(\xi) + a_1(\xi)\frac{x-\xi}{1!} + \ldots + a_n(\xi)\frac{(x-\xi)^n}{n!} + \ldots,$$

en dérivant l'équation (6) sous ces hypothèses, on a

$$\varphi'(x) = a_0(x)\, u(x) + \int_0^x \frac{\partial K(x, \xi)}{\partial x}\, u(\xi)\, d\xi.$$

En introduisant un paramètre λ qui multiplie le noyau K, on a la solution sous la forme

$$(13) \quad \begin{cases} u(x) = u_0(x) + \lambda\, u_1(x) + \lambda^2\, u_2(x) + \ldots, \\[4pt] \text{avec} \\[4pt] u_0(x) = \dfrac{\varphi'(x)}{a_0(x)}, \\[4pt] \cdots\cdots\cdots\cdots, \\[4pt] u_n(x) = - \dfrac{1}{a_0(x)} \displaystyle\int_0^x \frac{\partial K(x, \xi)}{\partial x}\, u_{n-1}(\xi)\, d\xi, \end{cases}$$

en supposant $a_0(0) \neq 0$. La solution donnée par la série est une fonction entière en λ pour tout point x intérieur au cercle C', ayant pour centre $x = 0$ et pour rayon la plus petite des distances

---

[1] Th. LALESCO, *Journal de Mathém.*, 1908.

du point $x = 0$ aux *zéro* de $a_0(x)$ et aux points singuliers de $\varphi'(x)$ et $\dfrac{\partial K(x,\xi)}{\partial x}$. La démonstration se fait au moyen de la *méthode des fonctions majorantes*. On peut retrouver la formule même donnée par M. Volterra (§ III), en posant

$$S(x,\xi) = -\sum_{0}^{\infty} H_i(x,\xi),$$

$$H_0(x,\xi) = \frac{1}{a_0(x)}\,\frac{\partial K(x,\xi)}{\partial x},$$

$$H_i(x,\xi) = \int_{\xi}^{x} H_0(x,z)\,H_{i-1}(z,\xi)\,dz;$$

on a alors

$$u_n(x) = \int_{0}^{x} H_n(x,\xi)\,u_0(\xi)\,d\xi,$$

c'est-à-dire

$$u(x) = \frac{1}{a_0(x)}\left[\varphi'(x) + \int_{0}^{x} \frac{S(x,\xi)}{a_0(\xi)}\,\varphi'(\xi)\,d\xi\right].$$

4. La méthode des approximations successives s'applique avec succès [1] à une équation de deuxième espèce dont le noyau

$$K(x,\xi) = \frac{1}{(x-\xi)^{\alpha}} \qquad (0 < \alpha < 1)$$

devient infini d'ordre moindre que 1 pour $x = \xi$.

Prenons l'équation

$$(14) \qquad u(x) = \varphi(x) + \lambda \int_{0}^{x} \frac{u(\xi)}{(x-\xi)^{\alpha}}\,d\xi.$$

Si l'on pose

$$u_0(x) = \varphi(x),$$

$$u_1(x) = \int_{0}^{x} \frac{u_0(\xi)\,d\xi}{(x-\xi)^{\alpha}},$$

$$\dots\dots\dots\dots\dots\dots\dots,$$

$$u_n(x) = \int_{0}^{x} \frac{u_{n-1}(\xi)\,d\xi}{(x-\xi)^{\alpha}},$$

on a

$$u(x) = u_0(x) + \lambda\,u_1(x) + \dots + \lambda^n\,u_n(x) + \dots :$$

---

[1] R. D'ADHÉMAR, *Sur les équations intégrales de Volterra* (*Atti del Congresso internaz. di Matem.*, t. II, 1908).

en posant

$$\xi = xt, \qquad B = \int_0^1 \frac{dt}{(1-t)^n},$$

et en désignant par m la limite supérieure de $|\varphi(x)|$, on trouve

$$|u_n(x)| < m(Bx^{1-\alpha})^n.$$

L'équation (14) a donc une solution (unique) si $|\lambda|Bx^{1-\alpha} < 1$.

5. La même méthode s'applique aussi à l'équation de deuxième espèce plus générale

$$(15) \qquad u(x) = x^p \varphi(x) + \frac{\lambda}{x} \int_0^x K(x, \xi)\, u(\xi)\, d\xi.$$

Supposons

$$|K(x, \xi)| < M, \qquad |\varphi(x)| < m;$$

alors

$$|u_1(x) - u_0(x)| < \frac{\lambda M}{p+1}\, m x^p,$$
$$\cdots\cdots\cdots\cdots\cdots\cdots\cdots\cdots\cdots\cdots\cdots\cdots,$$
$$|u_n(x) - u_{n-1}(x)| < \frac{(\lambda M)^n}{(p+1)^n}\, m x^p;$$

donc les approximations convergent si

$$|\lambda| M < p + 1.$$

Pour que la solution finie soit *unique*, il faut introduire une autre condition : en effet, soit $u^{(3)}(x) = u^{(2)}(x) - u^{(1)}(x)$, $u^{(2)}(x)$ et $u^{(1)}(x)$ étant deux solutions finies. On aura

$$|u^{(3)}(x)| < L,$$

d'où, comme

$$u^{(3)}(x) = \frac{\lambda}{x} \int_0^x K(x, \xi)\, u^{(3)}(\xi)\, d\xi,$$

on tirera

$$|u^{(3)}(x)| < L(\lambda M)^n,$$

quelque grand que soit n : donc il y a *unicité* de la solution si

$$|\lambda| M < 1.$$

VIII. — ÉQUATIONS DE VOLTERRA DE TYPE GÉNÉRALISÉ.

1. Considérons l'équation intégrale [1]

$$(1) \quad \varphi(x) = u(x) - P(x)\,u(\alpha x) + \lambda \int_0^x K(x, \xi)\,u(\xi)\,d\xi \qquad (0 < \alpha < 1),$$

où les fonctions connues sont P, K, φ.

Supposons que dans l'intervalle $0 \leq x \leq h$ ces fonctions soient continues et finies et que l'on ait

$$0 < P(x) < e^{Ax}, \qquad P(0) = 1, \qquad |\varphi(x)| < Bx,$$

où A et B sont des constantes positives. Supposons enfin que la valeur $u(0)$ soit donnée. Alors le produit infini

$$\prod_{i=0}^{\infty} P(\alpha^i x) = \Pi(x)$$

sera convergent et dans l'intervalle donné l'on aura, H étant une constante finie et positive,

$$\Pi(x) < e^{\frac{Ax}{1-\alpha}} < H.$$

Employons la méthode des approximations successives (§ VII) en cherchant une solution de la forme

$$(2) \qquad u(x) = u_0(x) + \lambda\,u_1(x) + \ldots + \lambda^n\,u_n(x) + \ldots.$$

On aura les équations

$$(3) \quad \begin{cases} u_0(x) - P(x)\,u_0(\alpha x) = \varphi(x), \\[2mm] u_1(x) - P(x)\,u_1(\alpha x) = -\int_0^x K(x, \xi)\,u_0(\xi)\,d\xi, \\[2mm] \cdots\cdots\cdots\cdots\cdots\cdots\cdots\cdots\cdots\cdots\cdots\cdots\cdots\cdots, \\[2mm] u_n(x) - P(x)\,u_n(\alpha x) = -\int_0^x K(x, \xi)\,u_{n-1}(\xi)\,d\xi. \end{cases}$$

Tout revient à résoudre une équation de la forme

$$(4) \qquad u(x) - P(x)\,u(\alpha x) = \Phi(x),$$

---

[1] E. PICARD, *Sur une équation fonctionnelle* (*Comptes rendus*, 1er sem. 1907).

où l'on suppose $|\Phi(x)| < Cx$, C étant une constante positive. La solution est donnée par une formule du *calcul aux différences finies* que nous allons établir : remplaçons dans l'équation (4) x par αx, $\alpha^2 x$, ..., $\alpha^n x$, il vient

$$
\begin{aligned}
u(x) &- P(x) \; u(\alpha x) &= \Phi(x), \\
u(\alpha x) &- P(\alpha x) \; u(\alpha^2 x) &= \Phi(\alpha x), \\
&\cdots\cdots\cdots\cdots\cdots\cdots\cdots\cdots\cdots\cdots, \\
u(\alpha^n x) &- P(\alpha^n x) \, u(\alpha^{n+1} x) &= \Phi(\alpha^n x).
\end{aligned}
$$

En multipliant respectivement ces équations par

$$1, \quad P(x), \quad P(x)P(\alpha x), \quad P(x)P(\alpha x)P(\alpha^2 x), \quad \ldots$$

et en ajoutant, on a la relation

$$u(x) - P(x)P(\alpha x)\ldots P(\alpha^n x)\, u(\alpha^{n+1} x) = \sum_{j=0}^{n} \Phi(\alpha^j x) \prod_{i=0}^{j-1} P(\alpha^i x);$$

en passant à la limite pour $n = \infty$ on a (puisque $\alpha < 1$)

$$\lim_{n=\infty} u(\alpha^{n+1} x) = u(0),$$

donc

$$(5) \qquad \begin{aligned} u(x) = {}& \Pi(x)\, u(0) + \Phi(x) + P(x)\Phi(\alpha x) + \ldots \\ & + P(x)P(\alpha x)\ldots P(\alpha^{n-1} x)\Phi(\alpha^n x) + \ldots, \end{aligned}$$

on voit facilement que cette série est convergente.

Cette formule résout l'équation (4) et, par conséquent, toutes les équations d'approximations (3); on a

$$(5') \quad \left\{ \begin{aligned} u_h(x) ={}& \Pi(x)\, u_h(0) + \Phi_h(x) + P(x)\Phi_h(\alpha x) + \ldots \\ & + P(x)\ldots P(\alpha^{n-1} x)\Phi_h(\alpha^n x) + \ldots \\ & \qquad (h = 0, 1, 2, 3, \ldots), \\ \text{où} \\ \Phi_h(x) ={}& - \int_0^x K(x, \xi)\, u_{h-1}(\xi)\, d\xi. \end{aligned} \right.$$

Or, en prenant pour $u_0(0)$ la valeur donnée, on voit aisément que dans l'intervalle envisagé

$$|u_0(x)| < k,$$

k étant une constante positive.

Dans ces conditions il est très facile de démontrer la convergence uniforme de la série (2) pour toute valeur de λ.

En effet, soit $|K(x,\xi)| < M$; alors

$$|\Phi_1(x)| < kMx,$$

en prenant $u_n(0) = 0$ $(n \gtreqless 1)$ on déduit de (5) que

$$|u_1(x)| < kMHx(1 + \alpha + \alpha^2 + \ldots) < \frac{kMHx}{1 - \alpha},$$

et enfin que

$$|u_n(x)| < \frac{k}{n!}\frac{M^n H^n x^n}{(1-\alpha)(1-\alpha^2)\ldots(1-\alpha^n)} \qquad (n = 1, 2, \ldots).$$

On peut démontrer, à l'aide de la même *méthode majorante*, que la solution est *unique*; en effet, la différence $u^{(3)}(x)$ de deux solutions finies $u^{(2)}x$ et $u^{(1)}x$ vérifie l'équation sans second membre

$$(4') \qquad u^{(3)}(x) - P(x)u^{(3)}(\alpha x) + \int_0^x K(x,\xi)u^{(3)}(\xi)\,d\xi = 0,$$

où

$$u^{(3)}(0) = 0;$$

cette équation n'est satisfaite que par $u^{(3)}(x) = 0$, puisque $u^{(3)}$ étant *finie*, on a

$$|u^{(3)}(x)| < L,$$

d'où, en tenant compte de $(4')$,

$$|u^{(3)}(x)| < \frac{LMHx}{1-\alpha},$$

$$\ldots\ldots\ldots\ldots\ldots\ldots,$$

$$|u^{(3)}(x)| < \frac{L^n M^n H^n x^n}{n!(1-\alpha)(1-\alpha^2)\ldots(1-\alpha^n)}.$$

C. Q. F. D.

2. Cette méthode s'étend (¹) à l'équation intégrale plus générale

$$(6) \qquad \varphi(x) = u(x) + P(x)u[f(x)] - \int_0^x K(x,\xi)u(\xi)\,d\xi,$$

(¹) A. MYLLER, *Randwertaufgaben bei hyperbolischen Differentialgleichung* (*Mathem. Annalen*, Bd. LXVIII).

où la fonction $f(x)$ est finie, continue et uniforme, telle que

$$|f(x)| < a.$$

Pour calculer les approximations successives, il faut résoudre chaque fois une équation fonctionnelle de type analogue à l'équation (4). M. Picone ([1]) a résolu récemment les équations (1) et (6) en procédant *directement* par approximations successives.

3. L'équation

$$(7) \quad \varphi(x) = \int_0^x \left[f_0(x, \xi)\, u(\xi) + f_1(x, \xi)\, \frac{du}{d\xi} + \ldots + f_m(x, \xi)\, \frac{d^m u}{d\xi^m} \right] d\xi$$

a été étudiée d'abord par M. Burgatti ([2]) et ensuite, d'une manière complète, par M. Lalesco ([3]). Remarquons que, dans le cas où $m = 0$, c'est une équation ordinaire de première espèce; dans le cas où $m = 1$ et $f_1(x, \xi) = 1$, elle se ramène facilement à une équation de seconde espèce, parce qu'elle s'écrit alors

$$\varphi(x) = u(x) - u(0) + \int_0^x f_0(x, \xi)\, u(\xi)\, d\xi,$$

équation ayant une solution déterminée lorsqu'on donne à l'origine la valeur $u(0)$.

En général nous allons voir, par une nouvelle méthode, que si $f_m(x, x) \neq 0$ et $\varphi(0) = 0$, *il existe, sous certaines conditions de dérivabilité des fonctions données, une et une seule solution de l'équation* (7), *prenant à l'origine, ainsi que ses $m - 1$ premières dérivées, des valeurs données.*

Pour simplifier, traitons le cas de $m = 2$.

$$(7') \quad \varphi(x) = \int_0^x [f_0(x, \xi)\, u(\xi) + f_1(x, \xi)\, u'(\xi) + f_2(x, \xi)\, u''(\xi)]\, d\xi.$$

([1]) M. Picone, *Circolo Mat. di Palermo*, 2e sem. 1910; *Rendic. Lincei*, 2e sem. 1910.

([2]) Burgatti, *Rendic. Lincei*, 1er sem. 1903 (deux Notes).

([3]) T. Lalesco, *loc. cit.*, p. 160.

On a

$$\int_0^x f_0(x,\xi)\,u(\xi)\,d\xi = \int_0^x f_0(x,\xi)\left[\int_0^\xi u'(\xi_1)\,d\xi_1 + u(0)\right]d\xi$$

$$= u(0)\int_0^x f_0(x,\xi)\,d\xi + \int_0^x u'(\xi)\,d\xi\int_\xi^x f_0(x,\xi_1)\,d\xi_1.$$

C'est pourquoi en posant

$$\varphi(x) - u(0)\int_0^x f_0(x,\xi)\,d\xi = \Phi_1(x),$$

$$f_1(x,\xi) + \int_0^x f_0(x,\xi_1)\,d\xi_1 = F_1(x,\xi),$$

l'équation (7) pourra s'écrire

$$(7'') \qquad \Phi_1(x) = \int_0^x \left[F_1(x,\xi)\,u'(\xi) + f_2(x,\xi)\,u''(\xi)\right]d\xi.$$

De même, en posant

$$\Phi_1(x) - u'(0)\int_0^x F_1(x,\xi)\,d\xi = \Phi_2(x),$$

$$f_2(x,\xi) + \int_0^x F_1(x,\xi_1)\,d\xi_1 = F_2(x,\xi).$$

l'équation (7'') deviendra

$$(8) \qquad \Phi_2(x) = \int_0^x F_2(x,\xi)\,u''(\xi)\,d\xi.$$

Cette équation est une équation de première espèce, et puisque

$$F_2(x,x) = f_2(x,x), \qquad \Phi_2(0) = \varphi(0),$$

on pourra la résoudre (§ III) en la réduisant, soit à l'équation de seconde espèce

$$(9) \qquad \Phi_2'(x) = f_2(x,x)\,u''(x) + \int_0^x \frac{\partial F_2(x,\xi)}{\partial x}\,u''(\xi)\,d\xi,$$

soit à l'équation

$$(10) \quad \Phi_2(x) = f_2(x,x)\left[u'(x) - u'(0)\right] - \int_0^x \frac{\partial F_2(x,\xi)}{\partial \xi}\left[u'(\xi) - u'(0)\right]d\xi.$$

4. ÉQUATIONS DE VOLTERRA NON LINÉAIRES. — L'étude de ces

équations est dû à M. Lalesco, nous suivrons son analyse. Envisageons le type plus général d'équation de deuxième espèce

$$(11) \qquad u(x) = \varphi(x) + \int_0^x K[x, \xi; u(\xi)]\, d\xi,$$

où $K[x, \xi, u]$ est une fonction des trois variables réelles x, ξ, u telle que

$$|K(x, \xi; u)| < M,$$
$$|K(x, \xi; u_\alpha) - K(x, \xi; u_\beta)| < N\,|u_\alpha - u_\beta|,$$

pour

$$0 < \xi < x < a,$$
$$A - b < u < A + b,$$

M, N, a, b étant des constantes positives.

On peut employer pour la résoudre une méthode analogue à celle suivie par M. Picard pour démontrer le théorème d'existence de l'équation différentielle [1]

$$(12) \qquad \frac{dy}{dx} = f(x, y),$$

qui s'écrit aussi sous la forme intégrale

$$(12') \qquad y(x) - \int_0^x f[\xi, y(\xi)]\, d\xi = C,$$

C étant une constante, et qui est un cas particulier de l'équation (11). Soit

$$A - \varepsilon(h) < \varphi(x) < A + \varepsilon(h)$$

lorsque x varie dans l'intervalle o, h, étant

$$h > 0.$$

Écrivons les équations aux approximations successives relatives à l'équation (11) de la manière suivante :

$$u_0(x) = \varphi(x),$$
$$u_1(x) = \varphi(x) + \int_0^x K[x, \xi; \varphi(\xi)]\, d\xi,$$
$$\cdots\cdots\cdots\cdots,$$
$$u_n(x) = \varphi(x) + \int_0^x K[x, \xi; u_{n-1}(\xi)]\, d\xi,$$
$$\cdots\cdots\cdots\cdots\cdots\cdots\cdots$$

---

[1] E. Picard, *Analyse*, t. II, p. 340.

Comme pour l'équation (12), la solution cherchée de (11) est donnée par $\lim_{n=\infty} u_n(x)$ et elle sera valable dans le plus petit des deux intervalles (o, a), (o, h), étant

$$\varepsilon(h) + Mh = b.$$

En effet

$$|u_1 - u_0| < Mx$$

et puisque en général

$$u_n(x) - u_{n-1}(x) = \int_0^x \left| K[x, \xi, u_{n-1}(\xi)] - K[x, \xi, u_{n-2}(\xi)] \right| d\xi,$$

on aura

$$|u_2 - u_1| < MN \frac{x^2}{1.2},$$

$$\cdots\cdots\cdots\cdots\cdots\cdots\cdots,$$

$$|u_n - u_{n-1}| < MN^{n-1} \frac{x^n}{n!},$$

$$\cdots\cdots\cdots\cdots\cdots\cdots\cdots$$

On voit donc que *la série*

$$u_0 + (u_1 - u_0) + \ldots + (u_n - u_{n-1}) + \ldots$$

est absolument et uniformément convergente et qu'elle représente la solution unique de l'équation (11). Pour l'équation (12) on a

$$\varphi(x) = \varphi(o) = C,$$

et l'on retrouve le résultat de M. Picard pour l'équation différentielle correspondante.

Le problème est beaucoup plus compliqué lorsqu'on envisage les *équations de première espèce ;* prenons, par exemple, l'équation

$$(13) \quad \varphi(x) = \int_0^x [f_1(x, \xi) u(\xi) + f_2(x, \xi) u^2(\xi) + \ldots + f_m(x, \xi) u^m(\xi)] \, dx,$$

dérivons par rapport à x. On aura

$$(14) \qquad \varphi'(x) = \sum_{i=1}^m f_i(x, x) u^i(x) + \int_0^x \sum_{i=1}^n \frac{\partial f_i}{\partial x} u^i(\xi) \, d\xi.$$

Les équations aux approximations sont

$$(15) \quad \begin{cases} \displaystyle\sum_{i=1}^{m} f_i(x, x)\, u_0^i(x) = \varphi'(x), \\ \dots\dots\dots\dots\dots\dots\dots\dots \\ \displaystyle\sum_{i=1}^{m} f_i(x, x)\, u_n^i(x) = \varphi'(x) - \int_0^x \sum_{i=1}^{m} \frac{\partial f_i}{\partial x}\, u_{n-1}^i(\xi)\, d\xi, \\ \dots\dots\dots\dots\dots\dots\dots\dots\dots\dots\dots\dots \end{cases}$$

et l'on voit aisément que toute approximation est une fonction *multiforme de x*. Les ramifications ne sont pas les mêmes pour toutes les approximations, parce que le deuxième membre varie pour chaque équation : donc en général il n'est pas possible de trouver une *surface de Riemann* qui corresponde à toutes les approximations.

IX. — ÉQUATIONS INTÉGRALES DE VOLTERRA AVEC LES DEUX LIMITES DE L'INTÉGRALE VARIABLES.

α. ÉQUATIONS DE DEUXIÈME ESPÈCE. — Prenons l'équation linéaire de deuxième espèce à deux limites variables [1]

$$(1) \quad \varphi(x) = u(x) + \int_{-x}^{+x} K(x, \xi)\, u(\xi)\, d\xi,$$

où $\varphi(x)$ est définie dans l'intervalle $(-b, b)$ et la fonction $K(x, \xi)$ est finie et intégrable pour

$$-b < x < b,$$
$$-x \leqq \xi \leqq x.$$

L'équation (1) s'écrit aussi

$$\varphi(x) = u(x) - \int_{-x}^{0} K(x, \xi)\, u(\xi)\, d\xi + \int_{0}^{x} K(x, \xi)\, u(\xi)\, d\xi,$$

---

[1] V. VOLTERRA, *Annali di Matematica*, art. II.

ou bien

$$
(2)\quad
\begin{cases}
\varphi(x) = u(x) + \displaystyle\int_0^x K(x, -\xi)\, u(-\xi)\, d\xi + \int_0^x K(x, \xi)\, u(\xi)\, d\xi, \\[2ex]
\text{et en échangeant } x \text{ en } -x, \text{ en même temps } \xi \text{ en } -\xi, \\[2ex]
\varphi(-x) = u(-x) - \displaystyle\int_0^x K(-x, -\xi)\, u(-\xi)\, d\xi - \int_0^x K(-x, \xi)\, u(\xi)\, d\xi.
\end{cases}
$$

Posons

$$
\begin{aligned}
u(x) &= u_1(x), & u(-x) &= u_2(x), \\
\varphi(x) &= \varphi_1(x), & \varphi(-x) &= \varphi_2(x), \\
K(x, \xi) &= K_{11}^{(1)}(x, \xi), & K(x, -\xi) &= K_{12}^{(1)}(x, \xi), \\
K(-x, \xi) &= -K_{21}^{(1)}(x, \xi), & K(-x, -\xi) &= -K_{22}^{(1)}(x, \xi);
\end{aligned}
$$

on est ramené au *système de deuxième espèce*

$$
(3)\quad
\begin{cases}
\varphi_1(x) = u_1(x) + \displaystyle\int_0^x K_{11}^{(1)}(x, \xi)\, u_1(\xi)\, d\xi + \int_0^x K_{12}^{(1)}(x, \xi)\, u_2(\xi)\, d\xi, \\[2ex]
\varphi_2(x) = u_2(x) + \displaystyle\int_0^x K_{21}^{(1)}(x, \xi)\, u_1(\xi)\, d\xi + \int_0^x K_{22}^{(1)}(x, \xi)\, u_2(\xi)\, d\xi \\[2ex]
\hphantom{\varphi_2(x) =}\ (0 < x < b),
\end{cases}
$$

d'où l'on peut tirer, en appliquant le procédé donné (§ IV), les inconnues $u_1(x)$ et $u_2(x)$ définies dans l'intervalle $(0 < x < b)$. Le *système résolvant* s'écrit sous la forme

$$
(4)\quad
\begin{cases}
u_1(x) = \varphi_1(x) + \displaystyle\int_0^x S_{11}^{(1)}(x, \xi)\, \varphi_1(\xi)\, d\xi + \int_0^x S_{12}^{(1)}(x, \xi)\, \varphi_2(\xi)\, d\xi, \\[2ex]
u_2(x) = \varphi_2(x) + \displaystyle\int_0^x S_{21}^{(1)}(x, \xi)\, \varphi_1(\xi)\, d\xi + \int_0^x S_{22}^{(1)}(x, \xi)\, \varphi_2(\xi)\, d\xi \\[2ex]
\hphantom{u_2(x) =}\ (0 < x < b),
\end{cases}
$$

et en posant

$$
\begin{aligned}
S_{11}^{(1)}(x, \xi) &= S(x, \xi), & S_{12}^{(1)}(x, \xi) &= S(x, -\xi), \\
S_{21}^{(1)}(x, \xi) &= -S(-x, \xi), & S_{22}^{(1)}(x, \xi) &= -S(-x, -\xi),
\end{aligned}
$$

où la fonction S est définie pour

$$
\begin{aligned}
-x &\leqq \xi \leqq x, \\
-b &< x < b,
\end{aligned}
$$

on peut remplacer le système précédent par la seule équation

$$(5) \qquad u(x) = \varphi(x) + \int_{-x}^{x} S(x, \xi)\, u(\xi)\, d\xi \qquad (-b < x < b),$$

qui donne *l'inversion de l'équation* (1).

Supposons ensuite que l'équation à résoudre soit de la forme

$$(6) \qquad \varphi(x) = u(x) + \int_{\alpha x}^{x} K(x, \xi)\, u(\xi)\, d\xi,$$

où

$$|\alpha| < 1.$$

Si α est positif et $0 < x < b$, l'équation se ramène à l'équation ordinaire

$$\varphi(x) = u(x) + \int_{0}^{x} K(x, \xi)\, u(\xi)\, d\xi.$$

Il suffit pour cela de supposer $K(x, \xi) = 0$ pour $\xi < \alpha x$.

Si α est négatif et $\alpha b < x < b$ on peut la réduire à la forme (1) que nous venons d'étudier. Il suffit de supposer $K(x, \xi) = 0$ pour

$$\left. \begin{array}{l} -x < \xi < \alpha x \\ \alpha b < x < b \end{array} \right\} \qquad \text{et pour} \qquad \left\{ \begin{array}{l} -b < x < \alpha b, \\ -x < \xi < x, \end{array} \right.$$

et de prolonger arbitrairement la fonction $\varphi(x)$ pour x compris entre

$$-b < x < \alpha b,$$

en la conservant intégrable et finie. Alors

$$K_{12}^{(1)}(x, \xi) = 0 \qquad \text{pour} \left\{ \begin{array}{l} -\alpha x < \xi < x, \\ 0 < x < b, \end{array} \right.$$

$$K_{22}^{(1)}(x, \xi) = 0 \qquad \text{pour} \left\{ \begin{array}{l} -\alpha b < x < b, \\ 0 < \xi < x, \end{array} \right.$$

$$K_{21}^{(1)}(x, \xi) = 0 \left\{ \begin{array}{l} \text{pour} \left\{ \begin{array}{l} -\alpha x < \xi < x, \\ 0 < x < -\alpha b, \end{array} \right. \\ \text{et pour} \left\{ \begin{array}{l} -\alpha b < x < b, \\ 0 < \xi < x. \end{array} \right. \end{array} \right.$$

En construisant par quadratures les fonctions itérées $K_{12}^{(i)}$, $K_{22}^{(i)}$,

$K_{2,1}^{(i)}$, on voit aisément, comme le montre une simple représentation géométrique, que ces fonctions s'annulent respectivement pour les mêmes valeurs pour lesquelles s'annulent les fonctions $K_{12}^{(1)}$, $K_{22}^{(1)}$, $K_{21}^{(1)}$. De même pour les fonctions $S_{12}^{(1)}$, $S_{22}^{(1)}$, $S_{21}^{(1)}$. Donc *l'inversion de l'équation* (6) est donnée par l'équation

$$(7) \qquad u(x) = \varphi(x) + \int_{\alpha x}^{x} S(x, \xi)\, \varphi(\xi)\, d\xi,$$

puisque $S(x, \xi) = 0$ pour les mêmes valeurs considérées précédemment des variables x, ξ qui annulent la fonction $K(x, \xi)$. La résolution de l'équation de deuxième espèce plus générale

$$(8) \qquad \varphi(x) = u(x) + \int_{px}^{qx} K(x, \xi)\, u(\xi)\, d\xi, \qquad |p| < 1, \qquad |q| < 1,$$

se ramène à la solution précédente. En effet, soit $q > p$, alors on peut écrire l'équation (8) sous la forme

$$\varphi(x) = u(x) + \int_{px}^{x} K(x, \xi)\, u(\xi)\, d\xi$$

en supposant

$$K(x, \xi) = 0$$

pour ξ compris entre qx et x, et l'on revient ainsi à l'équation (6).

β. *Équations de première espèce*. — Une équation fonctionnelle très intéressante au point de vue de la théorie des équations aux dérivées partielles ([1]) est la suivante :

$$(9) \qquad \varphi(x) = \int_{px}^{qx} K(x, \xi)\, u(\xi)\, d\xi.$$

Supposons d'abord $\left| \dfrac{p}{q} \right| < 1$. Le cas où $\left| \dfrac{p}{q} \right| > 1$ se réduit immédiatement au précédent. Par la transformation $qx = y$, on ramène cette équation à la forme

$$(10) \qquad \varphi(x) = \int_{\alpha x}^{x} K(x, \xi)\, u(\xi)\, d\xi \qquad (|\alpha| < 1).$$

([1]) Goursat, *Sur un problème relatif à la théorie des équations aux dérivées partielles du second ordre* (*Annales de la Faculté des Sciences de Toulouse,* 2ᵉ série, t. V et VI).

Soit α positif, posons la condition $K(x, x) \neq 0$. Pour qu'il existe une solution finie $u(x)$, il faut supposer $\varphi(0) = 0$. Dérivons l'équation (10) et écrivons

$$\frac{\varphi'(x)}{K(x, x)} = f(x), \qquad \alpha\frac{K(x, \alpha x)}{K(x, x)} = P(x), \quad \cdot \quad \frac{1}{K(x, x)} \frac{\partial K(x, \xi)}{\partial x} = F(x, \xi),$$

alors

$$(11) \quad f(x) = u(x) - P(x) u(\alpha x) + \int_{\alpha x}^{x} F(x, \xi) u(\xi)\, d\xi \qquad (0 < \alpha < 1).$$

M. Volterra a résolu directement l'équation (11) au moyen du *calcul aux différences finies* ([1]), mais on peut aussi employer la méthode des approximations successives ([2]). Écrivons

$$(12) \quad \left\{ \begin{array}{l} u_0(x) - P(x) u_0(\alpha x) = f(x), \\ \cdots\cdots\cdots\cdots\cdots\cdots\cdots\cdots\cdots, \\ u_n(x) - P(x) u_n(\alpha x) = -\int_{\alpha x}^{x} F(x, \xi) u_{n-1}(\xi)\, d\xi, \\ \cdots\cdots\cdots\cdots\cdots\cdots\cdots\cdots\cdots \\ \hspace{3cm} (n = 1, 2, \ldots). \end{array} \right.$$

Dans ce cas on voit que

$$\prod_{1}^{\infty} P(\alpha^n x) = 0,$$

parce que

$$\lim_{n=\infty} P(\alpha^{n-1} x) = \lim_{n=\infty} \frac{\alpha K(\alpha^{n-1} x, \alpha^n x)}{K(\alpha^{n-1} x, \alpha^{n-1} x)} = \alpha < 1,$$

et la solution des équations aux approximations est donnée par

$$(13) \quad \left\{ \begin{array}{l} u_h(x) = \Phi_h(x) + P(x) \Phi_h(\alpha x) + \ldots \\ \hspace{2cm} + P(x) P(\alpha x) \ldots P(\alpha^{n-1} x) \Phi_h(\alpha^n x) + \ldots, \\ \text{où} \\ \hspace{1cm} \Phi_h(x) = -\int_{\alpha x}^{x} F(x, \xi) u_{h-1}(\xi)\, d\xi. \end{array} \right.$$

On démontre par le procédé que nous avons déjà utilisé la *conver-*

([1]) V. VOLTERRA, *Annali di Mathem.*, art. II.
([2]) T. LALESCO, *Journ. de Mathém.*, p. 156.

gence uniforme de la série

$$u(x) = u_0(x) + u_1(x) + \ldots + u_n(x) + \ldots,$$

et *l'unicité de la solution* (§ VIII).

On peut procéder d'une manière tout à fait analogue dans le cas où $0 > \alpha > -1$.

Il faut étudier à part le cas où $\alpha = -1$ qui correspond à l'équation

$$(14) \qquad \varphi(x) = \int_{-x}^{+x} K(x, \xi)\, u(\xi)\, d\xi.$$

On peut réduire cette équation au système suivant de première espèce (comparer § IX, α) :

$$(15) \quad \begin{cases} \varphi_1(x) = \displaystyle\int_0^x K_{11}(x, \xi)\, u_1(\xi)\, d\xi + \int_0^x K_{12}(x, \xi)\, u_2(\xi)\, d\xi, \\[2mm] \varphi_2(x) = \displaystyle\int_0^x K_{21}(x, \xi)\, u_1(\xi)\, d\xi + \int_0^x K_{22}(x, \xi)\, u_2(\xi)\, d\xi, \end{cases}$$

en posant

$$\begin{aligned} \varphi_1(x) &= \varphi(x), & \varphi_2(x) &= \varphi(-x), \\ K_{11}(x, \xi) &= K(x, \xi), & K_{12}(x, \xi) &= K(x, -\xi), \\ K_{21}(x, \xi) &= -K(-x, \xi), & K_{22}(x, \xi) &= -K(-x, -\xi), \\ u_1(\xi) &= u(\xi), & u_2(\xi) &= u(-\xi). \end{aligned}$$

Nous avons résolu (§ 4) les systèmes de première espèce dans le cas où

$$D(x, x) = \begin{vmatrix} K_{11}(x, x) & K_{12}(x, x) \\ K_{21}(x, x) & K_{22}(x, x) \end{vmatrix}$$

ne *s'annule pas pour* $x = 0$: mais ici on a $D(0, 0) = 0$, donc il faut traiter l'équation (14), ou bien le système correspondant (15) par une méthode analogue (§ 3 et § 4) à celle employée pour l'équation de première espèce dans le cas où $K(0, 0) = 0$.

Si dans l'équation (6), où $0 < \alpha < 1$, nous faisons $x = e^{x_1}$, $\xi = e^{\xi_1}$, elle prend la forme

$$v(x_1) = \psi(x_1) + \int_{x_1 - \gamma}^{x_1} H(x_1, \xi_1)\, v(\xi_1)\, d\xi_1$$

étant $\gamma = -\log\alpha$, et v étant la fonction inconnue. De même l'équation de première espèce (19), par la même transformation

V.   7

devient

$$\psi(x_1) = \int_{x_1-\gamma}^{x_1} H(x_1, \xi_1)\, v(\xi_1)\, d\xi_1.$$

On rencontre des équations de ce type dans la théorie des électrons ([1]).

Une équation particulière de première espèce à limites constantes se ramène aisément aux équations que nous venons de traiter : c'est l'équation

$$\varphi(x) = \int_a^b K(x, \xi)\, u(x\,\xi)\, d\xi,$$

déjà envisagée mais non résolue par Abel. Il suffit de poser $x\xi = y$. Alors en posant

$$K\left(x, \frac{y}{x}\right)\frac{1}{x} = H(x, y),$$

on a

$$\varphi(x) = \int_{ax}^{bx} H(x, y)\, u(y)\, dy,$$

équation du type (9).

La théorie des équations aux dérivées partielles conduit enfin à des équations de Volterra de deuxième espèce de la forme

$$(16) \qquad \varphi(x) = \int_{f(x)}^{x} K(x, \xi)\, u(\xi)\, d\xi \qquad [K(x, x) \neq 0],$$

où la fonction $y = f(x)$ est *finie, continue*, dans l'intervalle

$$-b \leqq x \leqq b,$$

est nulle à l'origine et l'on a $|f(x)| < b$. Cette équation n'est qu'une généralisation d'un type que nous avons déjà étudié. En dérivant par rapport à x et en posant

$$\frac{1}{K(x, x)}\frac{\partial K(x, \xi)}{\partial x} = H(x, \xi), \qquad \frac{\varphi'(x)}{K(x, x)} = \psi(x),$$

$$\frac{K[x, f(x)]}{K(x, x)} f'(x) = P(x),$$

on a

$$(17) \qquad \psi(x) = u(x) - P(x)\, u[f(x)] + \int_{f(x)}^{x} H(x, \xi)\, u(\xi)\, d\xi.$$

([1]) Comparez Hertz, *Die Bewegung eines Electrons*, etc. (*Math. Annalen*, t. LXV).

On peut appliquer à cette équation l'analyse que nous avons déjà employée pour le cas que nous avons traité dans le paragraphe 8.

On peut aussi transformer l'équation (16) en l'intégrant par parties. Posons pour cela

$$(18) \qquad \Theta(x) = \int_{f(x)}^{x} u(\xi)\, d\xi,$$

alors

$$(19) \qquad \varphi(x) = K(x,x)\,\Theta(x) - \int_{f(x)}^{x} \frac{\partial K(x,\xi)}{\partial \xi}\,\Theta(\xi)\, d\xi,$$

et il s'agit de résoudre les deux équations (18) et (19): cette dernière se résout facilement par des approximations successives. Posons

$$\frac{\varphi(x)}{K(x,x)} = \varphi_1(x), \qquad \frac{1}{K(x,x)} \frac{\partial K(x,\xi)}{\partial \xi} = L(x,\xi);$$

nous aurons

$$\Theta(x) = \varphi_1(x) + \int_{f(x)}^{x} L(x,\xi)\,\Theta(\xi)\, d\xi.$$

Cela posé prenons

$$\Theta_0(x) = \varphi_1(x),$$

$$(20) \qquad \Theta_n(x) = \int_{\varphi(x)}^{x} L(x,\xi)\,\Theta_{n-1}(\xi)\, d\xi.$$

Si

$$|\varphi_1(x)| < M, \qquad |L(x,\xi)| < N,$$

nous aurons

$$|\Theta_n(x)| < MN^n \frac{(x+b)^n}{n!}.$$

En effet $|\Theta_0(x)| < M$, et si

$$|\Theta_{n-1}(x)| < MN^{n-1} \frac{(x+b)^{n-1}}{(n-1)!},$$

en vertu de l'équation (20) il viendra

$$|\Theta_n(x)| < MN^n \frac{(x+b)^n}{n!}.$$

On aura donc

$$\Theta(x) = \sum_{n=0}^{\infty} \Theta_n(x).$$

Pour résoudre l'équation (18), si $f(x)$ est dérivable, on a

$$\Theta'(x) = u(x) - u[f(x)]f'(x),$$

d'où l'on peut tirer $u(x)$ en employant des méthodes que nous avons déjà envisagées.

M. Lalesco a aussi proposé un procédé d'itération[1] que nous voulons indiquer. En posant

$$x = f_0(x), \qquad f(x) = f_1(x), \qquad f[f(x)] = f_2(x),$$
$$f\{f[f(x)]\} = f_3(x), \qquad \ldots,$$

alors

$$\int_{f_1}^{f_0} u(\xi)\, d\xi = \Theta[f_0],$$

$$\int_{f_2}^{f_1} u(\xi)\, d\xi = \Theta[f_1],$$

$$\ldots\ldots\ldots\ldots\ldots\ldots\ldots,$$

$$\int_{f_{n-1}}^{f_n} u(\xi)\, d\xi = \Theta[f_n],$$

$$\ldots\ldots\ldots\ldots\ldots\ldots,$$

en ajoutant et passant à la limite pour $n = \infty$ en supposant $\lim_{n=\infty} f_n = 0$, on trouve, certaines conditions étant satisfaites,

$$\int_0^x u(\xi)\, d\xi = \sum_{i=0}^{\infty} \Theta[f_i(x)],$$

d'où la valeur de $u(x)$ par dérivation.

γ. *Équations non linéaires à plusieurs variables.* — M. Picone a été amené, par l'étude de certaines équations aux dérivées partielles, à l'équation de Volterra non linéaire à limites variables

$$(21) \qquad \varphi(x,y) = u(x,y) + \int_{f_1(x)}^{y} d\xi \int_{f_2(\xi)}^{x} \mathrm{K}[x,y;\xi,\eta;u(\xi,\eta)]\, d\eta$$

---

[1] T. Lalesco, *Sur une équation du type Volterra* (*Comptes rendus*, 1ᵉʳ sem. 1911).

[1] M. Picone, *Sulle equazioni elle derivate parziali del 2ᵉ ordine del tipo iperbolico in due variabili indépendenti* (*Rendic. Circolo Palermo*, 2ᵉ sem. 1910).

dans le cas où les fonctions $f_1(x)$ et $f_2(y)$ sont finies, continues dans l'intervalle $(-b, b)$ et où l'on a

$$|f_1(x)| \leqq b, \qquad |f_2(x)| \leqq b;$$

où en plus $\varphi(x, y)$ est finie et continue dans le carré ayant les sommets (b, b), $(-b, b)$, $(-b, -b)$, $(b, -b)$ et $K[x, y; \xi, \eta; u]$ est finie et continue pour

$$-b \leqq x \leqq b, \quad -b \leqq y \leqq b, \quad -b < \xi \leqq b, \quad -b \leqq \eta \leqq b, \quad -\infty \leqq u \leqq \infty;$$

où enfin, en désignant par u, v deux valeurs quelconques de l'argument u (prises entre $-\infty$ et ∞), il existe une quantité finie et positive M telle que

$$\left| \frac{K[x, y; \xi, \eta; u] - K[x, y; \xi, \eta; u]}{u - v} \right| < M.$$

Dans ces hypothèses on démontre aisément, en faisant usage d'un procédé qui résume les différentes méthodes que nous avons indiquées et en particulier appliquant la méthode d'approximations successives analogue à celle employée par M. Lalesco pour l'équation [§ VIII (5)]

$$\varphi(x) = u(x) + \int_0^x K[x, \xi; u(\xi)]\, d\xi,$$

qu'il *existe une et une seule solution* de l'équation (21) définie dans les intervalles donnés, et qu'elle est donnée par la série convergente

$$u(x, y) = u_0(x, y) + u_1(x, y) + u_2(x, y) + \dots,$$

où

$$u_0(x, y) = \varphi(x, y),$$

$$u_n(x, y) = \varphi(x, y) + \int_{f_1(x)}^{y} d\xi \int_{f_2(\xi)}^{x} K[x, y; \xi, \eta; u_{n-1}(\xi, \eta)]\, d\eta.$$

Nous ne développons pas les calculs qui sont semblables à d'autres que nous avons exposés précédemment.

CHAPITRE III.

I. — REMARQUES GÉNÉRALES.

L'idée fondamentale du passage à la limite, c'est-à-dire celle de partir d'un système d'équations linéaires algébriques pour arriver à une équation intégrale, idée que M. Volterra a introduite pour la première fois pour résoudre l'équation intégrale de son type, conduit aussi à la résolution de l'équation intégrale

$$(1) \qquad \varphi(x) = u(x) + \lambda \int_0^1 K(x, \xi)\, u(\xi)\, d\xi.$$

Nous n'exposerons pas d'abord ce passage à la limite (*voir* le § VIII), mais nous commencerons par l'exposition de trois principes tout à fait analogues aux trois principes qui constituent l'analyse de l'équation de M. Volterra. Les principes de réciprocité et d'inversion relatifs à l'équation (1) sont identiques aux mêmes principes qui se rapportent à l'équation

$$(1') \qquad \varphi(x) = u(x) + \lambda \int_0^x K(x, \xi)\, u(\xi)\, d\xi.$$

Le principe de convergence est différent. Tandis que le noyau de l'équation (1′) est une fonction holomorphe du paramètre λ, celui relatif à l'équation (1) est une fonction méromorphe. Nous allons le voir dans les pages suivantes. Nous suivrons le plus possible l'analyse de M. Fredholm.

II. — PRINCIPE D'INVERSION.

Multiplions l'équation (1) du paragraphe précédent par une fonction finie et continue, mais d'ailleurs arbitraire, $S(z, x)$ et intégrons entre o et 1 par rapport à x. On aura

$$\int_0^1 S(z,x)\,\varphi(x)\,dx$$
$$= \int_0^1 S(z,x)\,u(x)\,dx + \lambda \int_0^1 dx \int_0^1 K(x,\xi)\,S(z,x)\,u(\xi)\,d\xi,$$

c'est-à-dire, changeant x en z et modifiant l'ordre d'intégration,

$$\int_0^1 u(\xi) \left[S(x,\xi) + \lambda \int_0^1 K(z,\xi)\,S(x,z)\,dz \right] = \int_0^1 S(z,y)\,\varphi(y)\,dy.$$

Si nous déterminons $S(x,y)$ de telle sorte que l'équation

$$(1) \qquad S(x,\xi) + \lambda \int_0^1 K(z,\xi)\,S(x,z)\,dz = -K(x,\xi),$$

c'est-à-dire

$$K(x,\xi) + S(x,\xi) = -\lambda \int_0^1 S(x,z)\,K(z,\xi)\,dz,$$

soit satisfaite, la solution de l'équation (1) du paragraphe précédent sera donnée par

$$u(x) = \varphi(x) + \lambda \int_0^1 S(x,\xi)\,\varphi(\xi)\,d\xi.$$

Nous sommes ainsi ramenés à résoudre l'équation (1) par rapport à la fonction $S(x,y)$ (*noyau résolvant*).

III. — PRINCIPE DE RÉCIPROCITÉ.

Envisageons la fonction de ξ, η et λ.

$$(1) \quad D_K(\xi,\eta) = K\binom{\xi}{\eta} + \lambda \int_0^1 K\binom{\xi \quad x_1}{\eta \quad x_1}\,dx_1$$
$$+ \frac{\lambda^2}{2!} \int_0^1 \int_0^1 K\binom{\xi \quad x_1 \quad x_2}{\eta \quad x_1 \quad x_2}\,dx_1\,dx_2$$
$$+ \dots\dots\dots\dots\dots\dots\dots\dots\dots\dots$$
$$+ \frac{\lambda^\nu}{\nu!} \int_0^1 \dots \int_0^1 K\binom{\xi \quad x_1 \quad x_2 \quad \dots, \quad x_\nu}{\eta \quad x_1 \quad x_2 \quad \dots, \quad x_\nu}\,dx_1\dots dx_\nu$$
$$+ \dots\dots\dots\dots\dots\dots\dots\dots\dots\dots\dots\dots,$$

où

$$(\alpha)\; \mathrm{K}\begin{pmatrix} \xi & x_1 & x_2 & \dots & x_\nu \\ \eta & x_1 & x_2 & \dots & x_\nu \end{pmatrix} = \begin{vmatrix} \mathrm{K}(\xi,\eta) & \mathrm{K}(\xi,x_1) & \dots & \mathrm{K}(\xi,x_\nu) \\ \dots\dots & \dots\dots & \dots & \dots\dots \\ \mathrm{K}(x_\nu,\eta) & \mathrm{K}(x_\nu,x_1) & \dots & \mathrm{K}(x_\nu,x_\nu) \end{vmatrix}$$

$$(\nu = 1, 2, 3, \dots),$$

$$\mathrm{K}\begin{pmatrix} \xi \\ \eta \end{pmatrix} = \mathrm{K}(\xi,\eta),$$

Développons suivant les éléments de la première colonne le déterminant (α). Le terme général de (1) s'écrira

$$(2)\quad \frac{\lambda^\nu}{\nu!}\Bigg\{ \mathrm{K}(\xi,\eta) \int_0^1\!\!\cdots\!\int_0^1 \mathrm{K}\begin{pmatrix} x_1 & \cdots & x_\nu \\ x_1 & \dots & x_\nu \end{pmatrix} dx_1\dots dx_\nu$$

$$-\int_0^1\!\!\cdots\!\int_0^1 \mathrm{K}(x_1,\eta)\, \mathrm{K}\begin{pmatrix} \xi & x_2 & \cdots & x_\nu \\ x_1 & x_2 & \dots & x_\nu \end{pmatrix} dx_1\dots dx_\nu$$

$$+\int_0^1\!\!\cdots\!\int^1 \mathrm{K}(x_2,\eta)\begin{pmatrix} \xi & x_1 & x_3 & \cdots & x_\nu \\ x_1 & x_2 & \dots & \dots & x_\nu \end{pmatrix} dx_1\dots dx_\nu - \dots\Bigg\}$$

$$=\frac{\lambda^\nu}{\nu!}\Bigg\{ \mathrm{K}(\xi,\eta) \int_0^1\!\!\cdots\!\int^1 \mathrm{K}\begin{pmatrix} x_1 & \cdots & x_\nu \\ x_1 & \dots & x_\nu \end{pmatrix} dx_1\dots dx_\nu$$

$$-\int_0^1\!\!\cdots\!\int_0^1 \mathrm{K}(\tau,\eta)\, \mathrm{K}\begin{pmatrix} \xi & x_2 & \cdots & x_\nu \\ \tau & x_2 & \dots & x_\nu \end{pmatrix} dx_2\dots dx_\nu\, d\tau$$

$$+\int_0^1\!\!\cdots\!\int_0^1 \mathrm{K}(\tau,\eta)\, \mathrm{K}\begin{pmatrix} \xi & x_2 & \cdots & x_\nu \\ x_2 & \tau & \dots & x_\nu \end{pmatrix} dx_2\dots dx_\nu\, d\tau$$

$$+\int_0^1\!\!\cdots\!\int_0^1 \mathrm{K}(\tau,\eta)\, \mathrm{K}\begin{pmatrix} \xi & x_2 & \cdot & \cdots & x_\nu \\ x_3 & x_2 & \tau & \dots & x_\nu \end{pmatrix} dx_2\dots dx_\nu\, d\tau + \dots\Bigg\}.$$

Or, puisque

$$\mathrm{K}\begin{pmatrix} \xi & x_2 & \cdots & x_\nu \\ x_2 & \tau & \dots & x_\nu \end{pmatrix} = -\mathrm{K}\begin{pmatrix} \xi & x_2 & \cdots & x_\nu \\ \tau & x_2 & \dots & x_\nu \end{pmatrix},$$

$$\mathrm{K}\begin{pmatrix} \xi & x_2 & \cdot & \cdots & x_\nu \\ x_3 & x_2 & \tau & \dots & x_\nu \end{pmatrix} = \mathrm{K}\begin{pmatrix} \xi & x_2 & \cdot & \cdots & x_\nu \\ \tau & x_2 & x_3 & \dots & x_\nu \end{pmatrix},$$

$$\dots\dots\dots\dots\dots\dots\dots\dots\dots\dots\dots\dots\dots\dots\dots$$

et ainsi de suite, on voit aisément qu'à l'exception du premier tous les termes du second membre de (2) sont égaux entre eux. Par suite le terme général de l'équation (1) est égal à

$$\frac{\lambda^\nu}{\nu!}\mathrm{K}(\xi,\eta)\int_0^1\!\!\cdots\!\int_0^1 \mathrm{K}\begin{pmatrix} x_1 & \cdots & x_\nu \\ x_1 & \dots & x_\nu \end{pmatrix} dx_1\dots dx_\nu$$

$$-\frac{\lambda^\nu}{(\nu-1)!}\int_0^1\!\!\cdots\!\int_0^1 \mathrm{K}(\tau,\eta)\, \mathrm{K}\begin{pmatrix} \xi & x_2 & \cdot & \cdots & x_\nu \\ \tau & x_2 & x_3 & \dots & x_\nu \end{pmatrix} dx_2\dots dx_\nu\, d\tau,$$

et ainsi, en posant

$$D_K = 1 + \sum_1^\infty \frac{\lambda^\nu}{\nu!} \int_0^1 \cdots \int_0^1 K\begin{pmatrix} x_1 & \cdots & x_\nu \\ x_1 & \cdots & x_\nu \end{pmatrix} dx_1 \ldots dx_\nu,$$

on peut écrire

$$(3) \quad D_K(\xi, \eta) = K(\xi, \eta) D_K - \lambda \int_0^1 K(\tau, \eta) \sum_1^\infty \frac{\lambda^{\nu-1}}{(\nu-1)!}$$

$$\times \int_0^1 \cdots \int_0^1 K\begin{pmatrix} \xi & x_2 & \cdots & x_\nu \\ \tau & x_2 & \cdots & x_\nu \end{pmatrix} dx_2 \ldots dx_\nu \, d\tau$$

$$= K(\xi, \eta) D_K - \lambda \int_0^1 K(\tau, \eta) D_K(\xi, \tau) \, d\tau.$$

On pourrait montrer d'une manière toute semblable, en développant le déterminant (α) suivant les éléments d'une ligne, par exemple de la première, qu'on a

$$(4) \qquad D_K(\xi, \eta) = K(\xi, \eta) D_K - \lambda \int_0^1 K(\xi, \tau) D_K(\tau, \eta) \, d\tau.$$

Supposons que D_K, qu'on appelle *déterminant de l'équation intégrale* ne soit pas nul, alors en posant

$$-\frac{D_K(x, y)}{D_K} = S(x, y),$$

les équations (3) et (4) s'écriront

$$K(x, \xi) + S(x, \xi) = -\lambda \int_0^1 S(x, z) K(z, \xi) \, dz = -\lambda \int_0^1 K(x, z) S(z, \xi) \, dz.$$

Les deux équations (3) et (4) forment le *principe de réciprocité*, dont nous allons tirer la solution du problème proposé.

IV. — PRINCIPE DE CONVERGENCE.

Mais les séries D_K et $D_K(\xi, \eta)$ sont-elles convergentes? On peut répondre affirmativement. Envisageons la série plus générale

$$(1) \quad D_K(\xi_1, \ldots, \xi_n \mid \eta_1, \ldots, \eta_n)$$

$$= K \begin{pmatrix} \xi_1 & \cdots & \xi_n \\ \eta_1 & \cdots & \eta_n \end{pmatrix}$$

$$+ \sum_1^\infty \frac{\lambda^\nu}{\nu!} \int_0^1 \cdots \int_0^1 K \begin{pmatrix} \xi_1 & \cdots & \xi_n & x_1 & \cdots & x_\nu \\ \eta_1 & \cdots & \eta_n & x_1 & \cdots & x_\nu \end{pmatrix} dx_1 \ldots dx_\nu,$$

où $F \begin{pmatrix} \xi_1, \ldots, \xi_n, x_1, \ldots, x_n \\ \eta_1, \ldots, \eta_n, x_1, \ldots, x_n \end{pmatrix}$ représente le déterminant connu.

D'après le théorème de M. Hadamard sur le maximum d'un déterminant, on a

$$\left| K \begin{pmatrix} \xi_1 & \cdots & \xi_n & x_1 & \cdots & x_\nu \\ \eta_1 & \cdots & \eta_n & x_1 & \cdots & x_\nu \end{pmatrix} \right| < M^{n+\nu} \sqrt{(n+\nu)^{n+\nu}},$$

où M est la limite supérieure du module de $F(x, y)$ dans l'intervalle considéré. Il en résulte que la série (1) est **uniformément convergente**. En effet, considérons la série majorante

$$(2) \qquad M + \sum_1^\infty \frac{\lambda^\nu}{\nu!} M^{n+\nu} \sqrt{(n+\nu)^{n+\nu}}.$$

Le rapport du $(n+\nu+1)^{\text{ième}}$ terme au $(n+\nu)^{\text{ième}}$ est

$$\lambda \frac{\dfrac{M^{n+\nu+1}}{(\nu+1)!} \sqrt{(n+\nu+1)^{n+\nu+1}}}{\dfrac{M^{n+\nu}}{\nu!} \sqrt{(n+\nu)^{n+\nu}}} = \lambda \frac{M}{\nu+1} \sqrt{\frac{(n+\nu+1)^{n+\nu}(n+\nu+1)}{(n+\nu)^{n+\nu}}}$$

$$= \lambda \frac{M}{\sqrt{\nu+1}} \sqrt{\left(1 + \frac{1}{n+\nu}\right)^{n+\nu}} \sqrt{1 + \frac{n}{\nu+1}}.$$

Ce rapport tend vers o lorsque ν croît indéfiniment, quel que soit le module de λ.

<h3 style="text-align:center">V. — RÉCAPITULATION DES TROIS PRINCIPES.</h3>

I. *Les séries* D_K *et* $D_K(x, y)$ *sont des séries convergentes.*

II. *Si* D_K *n'est pas nul, en posant*

$$-\frac{D_K(x, y)}{D_K} = S(x, y),$$

(^{1}) HADAMARD, *Bulletin des Sciences math.*, 2ᵉ série, vol. XVII, 1893.

on a

$$K(x, \xi) + S(x, \xi) = -\lambda \int_0^1 S(x, z) K(z, \xi)\, dz = -\lambda \int_0^1 K(x, z) S(z, \xi)\, dz.$$

III. *Dans ce cas, la solution de l'équation*

$$(1) \qquad \varphi(x) = u(x) + \lambda \int_0^1 K(x, \xi) u(\xi)\, d\xi$$

est donnée par

$$u(x) = \varphi(x) + \lambda \int_0^1 S(x, \xi) \varphi(\xi)\, d\xi.$$

On peut comparer ces principes avec ceux que nous avons donnés au premier Chapitre, paragraphe II. Ils ont la même forme. Dans le premier cas, nous avions $D_K = 1$ et S et u étaient des fonctions entières de λ. Maintenant $D_K(x, y)$ et D_K sont des fonctions entières de λ, c'est pourquoi S et u sont des fonctions méromorphes de λ.

Pour avoir discuté complètement la solution de l'équation (1), il nous reste à étudier le cas ou λ annule D_K. Avant cette étude, il nous faut généraliser le *principe de réciprocité*.

VI. — GÉNÉRALISATION DU PRINCIPE DE RÉCIPROCITÉ.

Développons le déterminant d'ordre $n + \nu$ que nous avons désigné par

$$K \begin{pmatrix} \xi_1 & \cdots & \xi_n & x_1 & \cdots & x_\nu \\ \eta_1 & \cdots & \eta_n & x_1 & \cdots & x_\nu \end{pmatrix},$$

suivant les éléments de la première ligne. On aura

$$K \begin{pmatrix} \xi_1 & \cdots & \xi_n & x_1 & \cdots & x_\nu \\ \eta_1 & \cdots & \eta_n & x_1 & \cdots & x_\nu \end{pmatrix}$$

$$= K(\xi_1, \eta_1) K \begin{pmatrix} \xi_2 & \cdots & \xi_n & x_1 & \cdots & x_\nu \\ \eta_2 & \cdots & \eta_n & x_1 & \cdots & x_\nu \end{pmatrix}$$

$$- K(\xi_1, \eta_2) K \begin{pmatrix} \xi_2 & \xi_3 & \cdots & \xi_n & x_1 & \cdots & x_\nu \\ \eta_1 & \eta_3 & \cdots & \eta_n & x_1 & \cdots & x_\nu \end{pmatrix}$$

$$+ \cdots\cdots\cdots\cdots\cdots\cdots\cdots\cdots\cdots\cdots\cdots\cdots$$

$$+ (-1)^{n-1} K(\xi_1, \eta_n) K \begin{pmatrix} \xi_2 & \cdots & \xi_n & x_1 & \cdots & x_\nu \\ \eta_1 & \cdots & \eta_{n-1} & x_1 & \cdots & x_\nu \end{pmatrix}$$

$$+ (-1)^{n} K(\xi_1, x_1) K \begin{pmatrix} \xi_2 & \cdots & \xi_n & x_1 & \cdots & x_\nu \\ \eta_1 & \cdots & \eta_{n-1} & \eta_n & \cdots & x_\nu \end{pmatrix}$$

$$+ \cdots\cdots\cdots\cdots\cdots\cdots\cdots\cdots\cdots\cdots\cdots\cdots$$

Donc il sera

$$\frac{1}{\nu!}\int_0^1\cdots\int_0^1 K\begin{pmatrix}\xi_1 & \cdots & \xi_n & x_1 & \cdots & x_\nu \\ \eta_1 & \cdots & \eta_n & x_1 & \cdots & x_\nu\end{pmatrix}dx_1\ldots dx_\nu$$

$$= \frac{1}{\nu!}K(\xi_1,\eta_1)\int_0^1\cdots\int_0^1 K\begin{pmatrix}\xi_2 & \cdots & \xi_n & x_1 & \cdots & x_\nu \\ \eta_2 & \cdots & \eta_n & x_1 & \cdots & x_\nu\end{pmatrix}dx_1\ldots dx_\nu$$

$$+\ldots\ldots\ldots\ldots\ldots\ldots\ldots\ldots\ldots\ldots\ldots\ldots\ldots\ldots\ldots\ldots$$

$$+ \frac{(-1)^{n-1}}{\nu!}\int_0^1\cdots\int_0^1 K(\xi_1,\eta_n)\, K\begin{pmatrix}\xi_2 & \cdots & \xi_n & x_1 & \cdots & x_\nu \\ \eta_1 & \cdots & \eta_{n-1} & x_1 & \cdots & x_\nu\end{pmatrix}dx_1\ldots dx_\nu$$

$$+ \frac{(-1)^{n}}{\nu!}\int_0^1\cdots\int_0^1 K(\xi_1,x_1)\, K\begin{pmatrix}\xi_2 & \cdots & \xi_n & x_1 & \cdots & x_\nu \\ \eta_1 & \cdots & \eta_{n-1} & \eta_n & \cdots & x_\nu\end{pmatrix}dx_1\ldots dx_\nu$$

$$+\ldots\ldots\ldots\ldots\ldots\ldots\ldots\ldots\ldots\ldots\ldots\ldots\ldots\ldots\ldots\ldots,$$

En faisant les mêmes remarques qu'au paragraphe III on trouve que la somme des termes, à partir du $n^{\text{ième}}$, est égale à

$$\frac{(-1)^{n}}{(\nu-1)!}\int_0^1\cdots\int_0^1 K(\xi_1,\tau)\, K\begin{pmatrix}\xi_2 & \cdots & \xi_n & \tau & \cdots & x_\nu \\ \eta_1 & \cdots & \eta_{n-1} & \eta_n & \cdots & x_\nu\end{pmatrix}d\tau\, dx_2\ldots dx_\nu$$

$$= \frac{-1}{(\nu-1)!}\int_0^1\int_0^1\cdots\int_0^1 K(\xi_1,\tau)\, K\begin{pmatrix}\tau & \xi_2 & \cdots & \xi_n & x_1 & \cdots & x_{\nu-1} \\ \eta_1 & \cdots & \cdots & \eta_n & x_1 & \cdots & x_{\nu-1}\end{pmatrix}dx_1\ldots dx_{\nu-1}d\tau;$$

par suite,

$$D_K(\xi_1,\ldots,\xi_n\mid\eta_1,\ldots,\eta_n)$$

$$= K\begin{pmatrix}\xi_1 & \cdots & \xi_n \\ \eta_1 & \cdots & \eta_n\end{pmatrix}+\sum_1^\infty\frac{\lambda^\nu}{\nu!}\int_0^1\cdots\int_0^1 K\begin{pmatrix}\xi_1 & \cdots & \xi_n & x_1 & \cdots & x_\nu \\ \eta_1 & \cdots & \eta_n & x_1 & \cdots & x_\nu\end{pmatrix}dx_1\ldots dx_\nu$$

$$= K(\xi_1,\eta_1)\left[K\begin{pmatrix}\xi_2 & \cdots & \xi_n \\ \eta_2 & \cdots & \eta_n\end{pmatrix}+\sum_1^\infty\frac{\lambda^\nu}{\nu!}\int_0^1\cdots\int_0^1 K\begin{pmatrix}\xi_2 & \cdots & \xi_n & x_1 & \cdots & x_\nu \\ \eta_2 & \cdots & \eta_n & x_1 & \cdots & x_\nu\end{pmatrix}dx_1\ldots dx_\nu\right.$$

$$+\ldots\ldots\ldots\ldots\ldots\ldots\ldots\ldots\ldots\ldots\ldots\ldots\ldots\ldots\ldots\ldots\ldots\ldots$$

$$+ (-1)^{n-1} K(\xi_1,\eta_n)\left[K\begin{pmatrix}\xi_2 & \cdots & \xi_n \\ \eta_1 & \cdots & \eta_{n-1}\end{pmatrix}\right.$$

$$\left.+\sum_1^\infty\frac{\lambda^\nu}{\nu!}\int_0^1\cdots\int_0^1 K\begin{pmatrix}\xi_2 & \cdots & \xi_n & x_1 & \cdots & x_\nu \\ \eta_1 & \cdots & \eta_{n-1} & x_1 & \cdots & x_\nu\end{pmatrix}dx_1\ldots dx_\nu\right]$$

$$-\int_0^1 K(\xi_1,\tau)\sum_1^\infty\frac{\lambda^\nu}{(\nu-1)!}\int_0^1\cdots\int_0^1 K\begin{pmatrix}\tau & \xi_2 & \cdots & \xi_n & x_1 & \cdots & x_{\nu-1} \\ \eta_1 & \cdots & \cdots & \eta_n & x_1 & \cdots & x_{\nu-1}\end{pmatrix}dx_1\ldots dx_{\nu-1}d\tau,$$

Remarquons maintenant que le dernier terme pourra s'écrire

$$-\lambda \int_0^1 K(\xi_1, \tau) \sum_1^\infty \frac{\lambda^{\nu-1}}{(\nu-1)!}$$
$$\times \int_0^1 \cdots \int_0^1 K \begin{pmatrix} \tau & \cdots & \xi_n & x_1 & \cdots & x_{\nu-1} \\ \eta_1 & \cdots & \eta_n & x_1 & \cdots & x_{\nu-1} \end{pmatrix} dx_1 \ldots dx_{\nu-1}\, d\tau$$

$$= -\lambda \int_0^1 K(\xi_1, \tau) \left\{ K \begin{pmatrix} \tau & \cdots & \xi_n \\ \eta_1 & \cdots & \eta_n \end{pmatrix} + \sum_1^\infty \frac{\lambda^\nu}{\nu!} \right.$$
$$\times \int_0^1 \cdots \int_0^1 K \begin{pmatrix} \tau & \cdots & \xi_n & x_1 & \cdots & x_\nu \\ \eta_1 & \cdots & \eta_n & x_1 & \cdots & x_\nu \end{pmatrix}$$
$$\left. \times dx_1 \ldots dx_\nu \right\} d\tau.$$

C'est pourquoi, avec les notations introduites au paragraphe IV, on pourra écrire l'équation précédente sous la forme

$$D_K(\xi_1, \ldots, \xi_n \mid \eta_1, \ldots, \eta_n)$$
$$= K(\xi_1, \eta_1)\, D_K(\xi_2, \ldots, \xi_n \mid \eta_2, \ldots, \eta_n)$$
$$+ \ldots\ldots\ldots\ldots\ldots\ldots\ldots\ldots\ldots\ldots$$
$$+ (-1)^{n-1} K(\xi_1, \eta_n)\, D_K(\xi_2, \ldots, \xi_n \mid \eta_1, \ldots, \eta_{n-1})$$
$$- \lambda \int_0^1 K(\xi_1, \tau)\, D_K(\tau, \xi_2, \ldots, \xi_n \mid \eta_1, \ldots, \eta_n)\, d\tau.$$

Il est évident qu'on aura aussi

$$D_K(\xi_1, \ldots, \xi_n \mid \eta_1, \ldots, \eta_n)$$
$$= K(\xi_1, \eta_1)\, D_K(\xi_2, \ldots, \xi_n \mid \eta_2, \ldots, \eta_n)$$
$$+ \ldots\ldots\ldots\ldots\ldots\ldots\ldots\ldots\ldots\ldots\ldots$$
$$+ (-1)^{n-1} K(\xi_n, \eta_1)\, D_K(\xi_1, \ldots, \xi_{n-1} \mid \eta_2, \ldots, \eta_n)$$
$$- \lambda \int_0^1 K(\tau, \eta_1)\, D_K(\xi_1, \ldots, \xi_n \mid \tau, \eta_2, \ldots, \eta_n)\, d\tau.$$

Ces formules constituent le *principe de réciprocité généralisé*.

VII. — DISCUSSION DE LA SOLUTION.

En dérivant m fois le déterminant

$$D_K = 1 + \sum_{\nu=1}^\infty \frac{\lambda^\nu}{\nu!} \int_0^1 \cdots \int_0^1 K \begin{pmatrix} x_1 & \cdots & x_\nu \\ x_1 & \cdots & x_\nu \end{pmatrix} dx_1 \ldots dx_\nu$$

par rapport au paramètre λ on obtient aisément les relations suivantes :

$$D'_K = \int_0^1 D_K(\xi_1 \mid \xi_1)\, d\xi_1,$$

$$D''_K = \int_0^1 \int_0^1 D_K(\xi_1, \xi_2 \mid \xi_1, \xi_2)\, d\xi_1\, d\xi_2,$$

$$\cdots\cdots\cdots\cdots\cdots\cdots\cdots\cdots\cdots,$$

$$D_K^{(m)} = \int_0^1 \cdots \int_0^1 D_K(\xi_1, \ldots, \xi_m \mid \xi_1, \ldots, \xi_m)\, d\xi_1 \ldots d\xi_m.$$

Puisque D_K est une fonction entière du paramètre λ, les racines de l'équation $D_K = 0$ auront des degrés finis de multiplicité. Soit λ une racine dont le degré de multiplicité est m, on aura

$$D_K = D'_K = \ldots = D_K^{(m-1)} = 0,$$

mais $D_K^{(m)}$ ne sera pas nul, et par suite

$$D_K(\xi_1, \ldots, \xi_m \mid \xi_1, \ldots, \xi_m)$$

ne sera pas identiquement nul. Donc, quel que soit λ, parmi les quantités $D_K(\xi_1 \ldots \xi_n \mid \xi_1 \ldots \xi_n)$ il y en aura une au moins qui n'est pas identiquement nulle. Cela posé, écrivons le *principe de réciprocité généralisé* sous la forme

$$D_K(\xi_1, \ldots, \xi_n \mid \eta_1, \ldots, \eta_n)$$
$$= K(\xi_1, \eta_1)\, D_K(\xi_2, \ldots, \xi_n \mid \eta_2, \ldots, \eta_n)$$
$$+ \cdots\cdots\cdots\cdots\cdots\cdots\cdots\cdots\cdots$$
$$+ (-1)^{n-1} K(\xi_n, \eta_1)\, D_K(\xi_1, \ldots, \xi_{n-1} \mid \eta_2, \ldots, \eta_n)$$
$$- \lambda \int_0^1 K(\tau, \eta_1)\, D_K(\xi_1, \ldots, \xi_n \mid \tau, \eta_2, \ldots, \eta_n)\, d\tau.$$

En supposant que n soit le plus petit entier, tel que

$$D_K(\xi_1, \ldots, \xi_n \mid \eta_1, \ldots, \eta_n)$$

ne soit pas identiquement nul, l'équation précédente s'écrira

$$(1) \qquad D_K(\xi_1, \ldots, \xi_n \mid \eta_1, \ldots, \eta_n)$$
$$= -\lambda \int_0^1 K(\tau, \eta_1)\, D_K(\xi_1, \ldots, \xi_n \mid \tau, \eta_2, \ldots, \eta_n)\, d\tau.$$

Si l'on pose

$$D_K(\xi_1, \ldots, \xi_n \mid \tau, \eta_2, \ldots, \eta_n) = f_1(\tau),$$

on aura

$$D_K(\xi_1, \ldots, \xi_n \mid \eta_1, \ldots, \eta_n) = f_1(\eta_1),$$

et l'équation (1) deviendra

(2) $$f_1(\eta_1) = -\lambda \int_0^1 K(\tau, \eta_1) f_1(\tau)\, d\tau;$$

$f_1(\eta_1)$ satisfait donc à cette équation intégrale *homogène*.

Or si $f_1(x)$ représente une solution de l'équation (2), il en sera de même des fonctions

$$f_2(\tau) = D_K(\xi_1, \ldots, \xi_n \mid \eta_1, \tau, \eta_3, \ldots, \eta_n),$$
$$f_3(\tau) = D_K(\xi_1, \ldots, \xi_n \mid \eta_1, \eta_2, \tau, \ldots, \eta_n),$$
$$\ldots\ldots\ldots\ldots\ldots\ldots\ldots\ldots\ldots\ldots\ldots\ldots\ldots\ldots\ldots,$$
$$f_n(\tau) = D_K(\xi_1, \ldots, \xi_n \mid \eta_1, \eta_2, \ldots, \eta_{n-1}, \tau);$$

en général toute fonction

$$A_1 f_1 + A_2 f_2 + \ldots + A_n f_n$$

où les A_1, A_2, ..., A_n sont des coefficients constants sera solution de (2). Donc l'équation (2) est satisfaite par une infinité de solutions qu'on obtient en combinant linéairement les solutions $f_1, f_2, \ldots, f_n$. Nous allons voir que ces solutions, dites *fondamentales*, sont *linéairement* indépendantes.

En effet, si l'on fait dans l'équation (1) $\eta_1 = \eta_2$, et ainsi de suite jusqu'à $\eta_1 = \eta_n$, on obtient les $n - 1$ relations

$$\int_0^1 K(\tau, \eta_1) f_i(\tau)\, d\tau = 0 \qquad (i = 2, 3, 4, \ldots, n)$$

auxquelles il faut ajouter, pour $i = 1$,

$$-\lambda \int_0^1 K(\tau, \eta_1) f_1(\tau) = f_1(\eta_1).$$

En faisant au contraire $\eta_2 = \eta_3$, $\eta_2 = \eta_1$, et ainsi de suite dans la relation

$$D_K(\xi_1, \ldots, \xi_n \mid \eta_1, \ldots, \eta_n) = -\lambda \int_0^1 K(\tau, \eta_2) D_K(\xi_1, \ldots, \xi_n \mid \eta_1, \tau, \ldots, \eta_n)\, d\tau,$$

on obtient les $n - 1$ relations

$$\int_0^1 K(\tau, \eta_i) f_2(\tau)\, d\tau = 0 \qquad (i = 1, 3, 4, \ldots, n),$$

et l'on a, pour $i = 2$,

$$-\lambda \int_0^1 F(\tau, \eta_2) f_2(\tau)\, d\tau = f_2(\eta_2).$$

En continuant d'une manière semblable on peut construire le Tableau suivant :

$$\int_0^1 K(\tau, \eta_1) f_1(\tau)\, d\tau, \quad \int_0^1 K(\tau, \eta_1) f_2(\tau)\, d\tau, \quad \ldots, \quad \int_0^1 K(\tau, \eta_1) f_n(\tau)\, d\tau,$$

$$\int_0^1 K(\tau, \eta_2) f_1(\tau)\, d\tau, \quad \int_0^1 K(\tau, \eta_2) f_2(\tau)\, d\tau, \quad \ldots, \quad \int_0^1 K(\tau, \eta_2) f_n(\tau)\, d\tau,$$

$$\ldots\ldots\ldots\ldots\ldots\ldots, \quad \ldots\ldots\ldots\ldots\ldots\ldots \quad \ldots, \quad \ldots\ldots\ldots\ldots\ldots\ldots,$$

$$\int_0^1 K(\tau, \eta_n) f_1(\tau)\, d\tau, \quad \int_0^1 K(\tau, \eta_n) f_2(\tau)\, d\tau, \quad \ldots, \quad \int_0^1 K(\tau, \eta_n) f_n(\tau)\, d\tau,$$

où seuls les éléments de la diagonale principale sont différents de zéro.

Cela posé, A'_i étant le nombre complexe conjugué de A_i, envisageons l'intégrale

$$I = \lambda \int_0^1 \left[\sum_{\substack{i \\ 1}}^{n} A_i f_i(\tau) \right] \left[\sum_{\substack{i \\ 1}}^{n} A'_i K(\tau, \eta_i) \right] d\tau$$

qui, d'après les propriétés du Tableau précédent, s'écrit

$$I = \lambda \left[A_1 A'_1 \int_0^1 f_1(\tau) K(\tau, \eta_1)\, d\tau + A_2 A'_2 \int_0^1 f_2(\tau) K(\tau, \eta_2)\, d\tau + \ldots \right]$$

ou bien

$$-A_1 A'_1 f_1(\eta_1) - A_2 A'_2 f_2(\eta_2) - \ldots - A_n A'_n f_n(\eta_n),$$

mais comme

$$f_1(\eta_1) = f_2(\eta_2) = \ldots = f_n(\eta_n) = D_K(\xi_1, \ldots, \xi_n \mid \eta_1, \ldots, \eta_n),$$

on a

$$I = - D_K(\xi_1, \ldots, \xi_n \mid \eta_1, \ldots, \eta_n) \sum_{\substack{1}}^{n} A_i A'_i.$$

Supposons maintenant que

$$\sum_{\substack{i \\ 1}}^{n} A_i f_i(\tau)$$

soit nul, I sera aussi nul et en vertu de l'équation précédente

$$\sum_1^n A_i A_i' = 0.$$

Donc, tous les coefficients A_i doivent être nuls.

Il est aussi intéressant de voir que la solution

$$A_1 f_1 + A_2 f_2 + \ldots + A_n f_n$$

de l'équation intégrale homogène (2) est la plus générale, c'est-à-dire que toutes les solutions sont de la forme précédente, les A_i étant des coefficients constants. En effet, multiplions l'équation homogène

$$(2') \qquad u(y) + \lambda \int_0^1 u(x)\, K(x,y)\, dx = 0$$

par

$$D_k(y, \xi_1, \ldots, \xi_n \mid z, \eta_1, \ldots, \eta_n)\, dy$$

et intégrons entre les limites $0, 1$.

En changeant l'ordre d'intégration dans le deuxième terme, on aura

$$(3) \qquad \int_0^1 u(y)\, D_k(y, \xi_1, \ldots, \xi_n \mid z, \eta_1, \ldots, \eta_n)\, dy$$

$$+ \lambda \int_0^1 u(x)\, dx \int_0^1 K(x,y)\, D_k(y, \xi_1, \ldots, \xi_n \mid z, \eta_1, \ldots, \eta_n)\, dy = 0.$$

Mais, d'après le principe de réciprocité généralisé,

$$\lambda \int_0^1 K(x,y)\, D_k(y, \xi_1, \ldots, \xi_n \mid z, \eta_1, \ldots, \eta_n)\, dy$$

$$= - D_k(x, \xi_1, \ldots, \xi_n \mid z, \eta_1, \ldots, \eta_n) + K(x,z)\, D_k(\xi_1, \ldots, \xi_n \mid \eta_1, \ldots, \eta_n)$$

$$- K(x, \eta_1)\, D_k(\xi_1, \ldots, \xi_n \mid z, \eta_2, \ldots, \eta_n) + \ldots$$

En substituant cette expression dans l'équation (3), il vient

$$\int_0^1 u(x)\, D_k(x, \xi_1, \ldots, \xi_n \mid z, \eta_1, \ldots, \eta_n)\, dx$$

$$+ \int_0^1 u(x)\big[- D_k(x, \xi_1, \ldots, \xi_n \mid z, \eta_1, \ldots, \eta_n)$$

$$+ K(x,z)\, D_k(\xi_1, \ldots, \xi_n \mid \eta_1, \ldots, \eta_n)$$

$$- K(x, \eta_1)\, D_k(\xi_1, \ldots, \xi_n \mid z, \eta_2, \ldots, \eta_n) - \ldots\big]\, dx = 0.$$

V.   8

Les deux premiers termes s'éliminent et il reste

$$D_K(\xi_1, \ldots, \xi_n \mid \eta_1, \ldots, \eta_n) \int_0^1 u(x)\, K(x,\, z)\, dx$$

$$-\, D_K(\xi_1, \ldots, \xi_n \mid z, \eta_2, \ldots, \eta_n) \int_0^1 u(x)\, K(x, \eta_1)\, dx$$

$$+\, D_K(\xi_1, \ldots, \xi_n \mid z, \eta_1, \eta_3, \ldots, \eta_n) \int_0^1 u(x)\, K(x, \eta_2)\, dx + \ldots = 0.$$

Cette équation, en rappelant la relation (2), nous donne

$$u(z) = D_K(\xi_1, \ldots, \xi_n \mid z, \eta_2, \ldots, \eta_n)\, \frac{u_1(\eta_1)}{D_K(\xi_1, \ldots, \xi_n \mid \eta_1, \ldots, \eta_n)}$$

$$-\, D_K(\xi_1, \ldots, \xi_n \mid z, \eta_1, \eta_3, \ldots, \eta_n)\, \frac{u_2(\eta_2)}{D_K(\xi_1, \ldots, \xi_n \mid \eta_1, \ldots, \eta_n)} + \ldots$$

$$+\, (-1)^{i-1}\, D_K(\xi_1, \ldots, \xi_n \mid z, \eta_1, \ldots, \eta_{i-1}, \eta_{i+1}, \ldots, \eta_n)$$

$$\times\, \frac{u(\eta_i)}{D_K(\xi_1, \ldots, \xi_n \mid \eta_1, \ldots, \eta_n)} + \ldots;$$

mais, en général, on a

$$f_i(z) = D_K(\xi_1, \ldots, \xi_n \mid \eta_1, \eta_2, \ldots, \eta_{i-1}, z, \eta_{i+1}, \ldots, \eta_n).$$

C'est pourquoi

$$u(z) = A_1 f_1(z) + A_2 f_2(z) + \ldots + A_n f_n(z).$$

Les conclusions que nous tirons de l'étude de l'équation intégrale homogène $(2')$ seront donc : Si le déterminant D_K est différent de zéro, c'est-à-dire si λ n'est pas une racine de l'équation $D_K = 0$, il n'y aura que la solution $u(z) = 0$. Au contraire, si λ est racine de l'équation $D_K = 0$, le degré de multiplicité étant γ, il y a n solutions fondamentales, linéairement indépendantes, $(n \leqq \gamma)$, au moyen desquelles on peut exprimer toute solution.

Ayant égard au principe de réciprocité généralisé, on vérifiera de même que l'équation

$$(4) \qquad v(y) = -\lambda \int_0^1 K(y, x)\, v(x)\, dx$$

possède n solutions linéairement indépendantes et n seulement.

Les deux équations

$$u(y) = -\lambda \int_0^1 K(x, y)\, u(x)\, dx$$

et

$$v(y) = -\lambda \int_0^1 K(y, x)\, u(x)\, dx$$

s'appellent des *équations intégrales homogènes conjuguées*.

Nous pouvons passer maintenant à la discussion de la solution de l'équation intégrale

$$\varphi(x) = u(x) + \lambda \int_0^1 K(x, y)\, u(y)\, dy.$$

Unicité de la solution. — Nous avons vu que la solution de de cette équation est une fonction méromorphe du paramètre λ. Lorsque λ n'est pas une racine de l'équation transcendante

$$(5) \qquad\qquad D_k = o,$$

la solution trouvée est unique. En effet, s'il y en avait deux, par exemple $u_1(x)$ et $u_2(x)$, en posant

$$u_1(x) - u_2(x) = \theta(x),$$

on aurait

$$\theta(x) = \lambda \int_0^1 K(x, y)\, \theta(y)\, dy.$$

Mais cette équation intégrale homogène admet la seule solution $\theta(x) = o$. C'est pourquoi

$$u_1(x) = u_2(x).$$

Au contraire, si λ est racine de l'équation (5) et si l'équation

$$(6) \qquad \varphi(x) = u(x) + \lambda \int_0^1 K(x, y)\, u(y)\, dy$$

admet une solution, elle en aura une infinité, qu'on obtient en ajoutant à celle-ci la solution générale de l'équation homogène

$$(7) \qquad w(x) = -\lambda \int_0^1 K(x, y)\, w(y)\, dy.$$

Mais sous quelles conditions l'équation (6) a-t-elle une solution?

Nous allons d'abord déterminer des conditions nécessaires.

Supposons que l'équation (6) soit satisfaite. $f_1(x)$, $f_2(x)$, ..., $f_n(x)$ étant les solutions indépendantes de l'équation (7) (*voir* page 111), multiplions par $f_i(x)\,dx$ et intégrons entre les limites 0, 1, nous aurons

$$\int_0^1 f_i(x)\,\varphi(x)\,dx = \int_0^1 f_i(x)\,u(x)\,dx + \lambda \int_0^1 u(y)\,dy \int_0^1 \mathrm{K}(x,y) f_i(x)\,dx.$$

En vertu de l'équation (7) il viendra

$$\int_0^1 f_i(x)\,\varphi(x)\,dx = \int_0^1 f_i(x)\,u(x)\,dx - \int_0^1 u(y) f_i(y)\,dy = 0.$$

Donc, les conditions

$$(8) \qquad \int_0^1 f_i(x)\,\varphi(x)\,dx = 0 \qquad (i = 1, 2, \ldots, n)$$

sont nécessaires pour que l'équation (6) admette une solution.

Démontrons maintenant que *les conditions* (8) *sont aussi suffisantes*. Supposons en effet qu'elles soient satisfaites. D'après les hypothèses précédentes, on a alors

$$\int_0^1 u(y)\,\mathrm{D_K}(x, \xi_1, \ldots, \xi_n \mid y, \eta_1, \ldots, \eta_n)\,dy$$

$$+ \lambda \int_0^1 u(\eta)\,d\eta \int_0^1 \mathrm{K}(y, \eta)\,\mathrm{D_K}(x, \xi_1, \ldots, \xi_n \mid y, \eta_1, \ldots, \eta_n)\,dy$$

$$= \int_0^1 \varphi(y)\,\mathrm{D_K}(x, \xi_1, \ldots, \xi_n \mid y, \eta_1, \ldots, \eta_n)\,dy,$$

et, d'après le principe de réciprocité généralisé,

$$\mathrm{D_K}(\xi_1, \ldots, \xi_n \mid \eta_1, \ldots, \eta_n) \int_0^1 u(y)\mathrm{K}(x,y)\,dy - \mathrm{D_K}(x, \xi_2, \ldots, \xi_n \mid \eta_1, \ldots, \eta_n)$$

$$\times \int_0^1 u(y)\,\mathrm{K}(\xi_1, y)\,dy + \mathrm{D_K}(x, \xi_1, \xi_3, \ldots, \xi_n \mid \eta_1, \ldots, \eta_n)$$

$$\times \int_0^1 u(y)\,\mathrm{K}(\xi_2, y)\,dy - \ldots = \int_0^1 \varphi(y)\,\mathrm{D_K}(x, \xi_1, \ldots, \xi_n \mid y, \eta_1, \ldots, \eta_n)\,dy$$

c'est-à-dire

$$\frac{1}{\lambda} D_K(\xi_1, \ldots, \xi_n \mid \eta_1, \ldots, \eta_n) \, [\varphi(x) - u(x)]$$
$$- A_1 f_1(x) - A_2 f_2(x) - \ldots - A_n f_n(x)$$
$$= \int_0^1 \varphi(y) \, D_K(x, \xi_1, \ldots, \xi_n \mid y, \eta_1, \ldots, \eta_n) \, dy,$$

$A_1, A_2, \ldots, A_n$ étant des constantes par rapport à y. De cette relation on tire

$$u(x) = \varphi(x) + B_1 f_1(x) + B_2 f_2(x) + \ldots B_n f_n(x)$$
$$- \frac{1}{\lambda} \int_0^1 \varphi(y) \frac{D_K(x, \xi_1, \ldots, \xi_n \mid y, \eta_1, \ldots, \eta_n)}{D_K(\xi_1, \ldots, \xi_n \mid \eta_1, \ldots, \eta_n)} \, dy,$$

$B_1, B_2, \ldots B_n$ étant aussi des constantes.

Il est aisé de vérifier, en vertu des conditions (8), que la fonction $u(x)$, ainsi déterminée, satisfait à l'équation (6), quelles que soient les constantes $B_1, B_2, \ldots, B_n$. Elle constitue la solution générale de l'équation (6).

VIII. — Solution de l'équation de Fredholm considérée comme cas limite d'un système algébrique.

Le point de départ de la solution de Volterra a été la conception des équations intégrales comme des cas limites des équations algébriques (comparer Chap. II, § II). C'est ainsi que les trois principes ont été obtenus. Nous avons vu que ces principes peuvent se transporter à l'équation de Fredholm. Nous allons voir qu'ils dérivent aussi directement du procédé qui consiste à regarder l'équation intégrale comme le cas limite d'un système d'équations algébriques. La différence entre ce cas et celui de Volterra est que dans ce cas, il faut calculer deux déterminantes, le numérateur et le dénominateur, tandis que dans le cas de Volterra, il n'y a qu'un seul déterminant à calculer, le déterminant dénominateur étant égal à l'unité. C'est à cause de cette circonstance que, dans le cas de Volterra, on trouve pour la solution, des fonctions holomorphes du paramètre, tandis que dans celui de Fredholm, on trouve des fonctions méromorphes.

Envisageons le système (comparer Chap. I, § XI)

$$u(x_s) + \lambda \sum_{i=1}^{n} u(x_i) K(x_s, x_i) h_i = \varphi(x_s) \qquad (s = 1, 2, \ldots, n),$$

qui a pour cas limite l'équation intégrale (1) (§ I) lorsque le nombre des intervalles $h_1, \ldots, h_n$ croît indéfiniment, chacun d'eux tendant vers zéro. Ce système s'écrit

$$u(x_1)\,[1 + \lambda K(x_1, x_1)h_1] + u(x_2)\lambda K(x_1, x_2)h_2 + \ldots$$
$$+ u(x_n)\lambda K(x_1, x_n)h_n = \varphi(x_1),$$
$$u(x_1)\lambda K(x_2, x_1)h_1 + u(x_2)\,[1 + K\lambda(x_2, x_2)h_2] + \ldots$$
$$+ u(x_n)\lambda K(x_2, x_n)h_n = \varphi(x_2),$$
$$\cdots\cdots\cdots\cdots\cdots\cdots\cdots\cdots\cdots\cdots\cdots\cdots\cdots\cdots,$$
$$u(x_1)\lambda K(x_n, x_1)h_1 + u(x_2)\lambda K(x_n, x_2) + \ldots$$
$$+ u(x_n)\,[1 + \lambda K(x_n, x_n)h_n] = \varphi(x_n).$$

Pour résoudre ce système, on voit qu'il faudra calculer deux déterminants et non plus un seul comme pour l'équation de Volterra. Dans ce dernier cas on a pu décomposer l'unique déterminant en ses termes des divers degrés, dans le cas présent nous pouvons décomposer de la même façon les deux déterminants.

Le déterminant des coefficients est le suivant :

$$D = \begin{vmatrix} 1 + \lambda K(x_1, x_1)h_1 & \lambda K(x_1, x_2)h_2 & \ldots & \lambda K(x_1, x_n)h_n \\ \lambda K(x_2, x_1)h_1 & 1 + \lambda K(x_2, x_2)h_2 & \ldots & \lambda K(x_2, x_n)h_n \\ \cdots\cdots\cdots & \cdots\cdots\cdots & \ldots & \cdots\cdots\cdots \\ \lambda K(x_n, x_1)h_1 & \lambda K(x_n, x_2)h_2 & \ldots & 1 + \lambda K(x_n, x_n)h_n \end{vmatrix}.$$

En le supposant différent de zéro, on aura, en le développant suivant les puissances de λ.

$$D = A + B\lambda + C\lambda^2 + \ldots + N\lambda^n;$$

ou, d'après le théorème de Mac Laurin,

$$D = D_0 + \lambda D'_0 + \frac{\lambda^2}{2!} D''_0 + \ldots + \frac{\lambda^n}{n!} D_0^{(n)};$$

$D_0, D'_0, D''_0, \ldots$ étant les valeurs de D et de ses dérivées par rapport à λ pour $\lambda = 0$.

Or $D_0 = 1$, D'_0 est évidemment égal à la somme de n déterminants, dont le premier est du type

$$
\begin{vmatrix}
K(x_1, x_1)h_1 & K(x_1, x_2)h_2 & \ldots & K(x_1, x_n)h_n \\
0 & 1 & \ldots & 0 \\
\cdot & \cdot & \ldots & \cdot \\
0 & 0 & \ldots & 1
\end{vmatrix}
$$

Par suite,

$$
D_0' = \sum_i^n K(x_i, x_i)h_i.
$$

D'une façon analogue on trouverait

$$
D_0'' = \sum_i^n \sum_s^n \begin{vmatrix} K(x_i, x_i) & K(x_s, x_i) \\ K(x_i, x_s) & K(x_s, x_s) \end{vmatrix} h_s h_i,
$$

$$
D_0''' = \sum_i^n \sum_s^n \sum_r^n \begin{vmatrix} K(x_i, x_i) & K(x_i, x_s) & K(x_i, x_r) \\ K(x_s, x_i) & K(x_s, x_s) & K(x_s, x_r) \\ K(x_r, x_i) & K(x_r, x_s) & K(x_r, x_r) \end{vmatrix} h_r h_s h_i,
$$

et ainsi de suite. En désignant les déterminants précédents respectivement par

$$
K\begin{pmatrix} i & s \\ i & s \end{pmatrix}, \quad K\begin{pmatrix} i & s & r \\ i & s & r \end{pmatrix}, \quad \ldots,
$$

et en posant

$$
K(x_i, x_i) = K\begin{pmatrix} i \\ i \end{pmatrix},
$$

on aura

$$
D = 1 + \lambda \sum_i^n K\begin{pmatrix} i \\ i \end{pmatrix} h_i + \frac{\lambda^2}{2!} \sum_i^n \sum_s^n K\begin{pmatrix} i & s \\ i & s \end{pmatrix} h_s h_i
$$

$$
+ \frac{\lambda^3}{3!} \sum_i^n \sum_s^n \sum_r^n K\begin{pmatrix} i & s & r \\ i & s & r \end{pmatrix} h_r h_s h_i + \ldots.
$$

Faisons croître indéfiniment le nombre des intervalles $h_1, h_2, \ldots,$ h_n, et diminuons indéfiniment chacun des intervalles. Par un procédé analogue à celui par lequel on passe des séries de Taylor et de Mac Laurin à celles que nous avons données dans le Chapitre I, paragraphe VIII (comparer la page 25), on tombe à la limite sur le déterminant de l'équation intégrale

$$\lim_{n=\infty} D = D_K = 1 + \lambda \int_0^1 K \begin{pmatrix} x_1 \\ x_1 \end{pmatrix} dx_1 + \frac{\lambda^2}{2!} \int_0^1 \int_0^1 K \begin{pmatrix} x_1 & x_2 \\ x_1 & x_2 \end{pmatrix} dx_1 \, dx_2 + \dots$$

Examinons maintenant le déterminant numérateur.

En posant, pour abréger,

$$K_{rs} = K(x_r, x_s),$$

on aura

$$u_r = \frac{N}{D},$$

étant

$$N = \sum_{s=1}^n \varphi_s \frac{\partial D}{\partial K_{sr}} \frac{1}{h_r \lambda}.$$

Calculons, d'après les règles connues, la valeur de $\dfrac{\partial D}{\partial K_{sr}}$, et substituons dans l'équation précédente. On trouvera

$$N = -\lambda \sum_{s=1}^n \varphi_s h_s \left\{ K_{rs} + \lambda \sum_{i=1}^n K \begin{pmatrix} r & i \\ s & i \end{pmatrix} h_i + \dots \right\} + \varphi_r D,$$

où l'on a posé

$$K \begin{pmatrix} r & i & q & \dots & e \\ s & i & q & \dots & e \end{pmatrix} = \begin{vmatrix} K(rs) & K(ri) & \dots & K(re) \\ \dots & \dots & \dots & \dots \\ K(es) & K(ei) & \dots & K(ee) \end{vmatrix}.$$

Lorsque le nombre des intervalles croît indéfiniment, chacun d'eux tendant vers zéro, la quantité renfermée entre crochets dans la formule précédente tend vers $D_K(x, y)$.

On a donc, en passant à la limite,

$$u(x) D_K = -\lambda \int_0^1 D_K(x, y) \varphi(y) \, dy + \varphi(x) D_K,$$

d'où la formule de résolution déjà obtenue (§ V), lorsque D_K n'est pas nul,

$$u(x) = \varphi(x) - \lambda \int_0^1 \frac{D_K(x, y)}{D_K} \varphi(y) \, dy.$$

IX. — Approximations successives.

Étant donnée l'équation

$$(1) \qquad \varphi(x) = u(x) + \int_0^1 K(x,y)\, u(y)\, dy,$$

où $\varphi(y)$ et $K(x,y)$ sont des fonctions connues, finies et continues, posons en première approximation

$$u(x) = \varphi(x).$$

En portant cette valeur approchée dans le second membre de l'équation, nous obtenons en seconde approximation

$$(2) \qquad u(x) = \varphi(x) + \int_0^1 K_1(x,y)\, \varphi(y)\, dy,$$

ayant posé $K_1(x,y) = -K(x,y)$.

Si nous substituons cette valeur approchée de $u(x)$ dans l'équation (1), et si nous posons

$$K_2(x;y) = \int_0^1 K_1(x,\xi)\, K_1(\xi,y)\, d\xi,$$

en remarquant que

$$\int_0^1 K_1(x,y)\, dy \int_0^1 K_1(y,\xi)\, \varphi(\xi)\, d\xi = \int_0^1 \varphi(y)\, dy \int_0^1 K_1(x,\xi)\, K_1(\xi,y)\, d\xi$$
$$= \int_0^1 \varphi(y)\, K_2(x,y)\, dy.$$

nous aurons en troisième approximation

$$u(x) = \varphi(x) + \int_0^1 [K_1(x,y) + K_2(x,y)]\, \varphi(y)\, dy.$$

En substituant de nouveau dans l'équation (1), on obtiendra

$$u(x) = \varphi(x) + \int_0^1 [K_1(x,y) + K_2(x,y) + K_3(x,y)]\, \varphi(y)\, dy,$$

si l'on a posé

$$K_3(x,y) = \int_0^1 K_1(x,\xi)\, K_2(\xi,y) = \int_0^1 K_2(x,\xi)\, K_1(\xi,y)\, d\xi.$$

En continuant d'une manière semblable on trouvera enfin

$$u(x) = \varphi(x) + \int^1 \sum_1^\infty K_i(x,y)\varphi(y)\,dy.$$

La série

$$\sum_i^\infty K_i(x,y)\qquad,$$

converge comme la série majorante

$$\sum_i^\infty M^{i+1},$$

si

$$|K(x,y)| < M < 1.$$

Il est facile de voir que dans ce cas la méthode des approximations successives fournit la solution de l'équation (1).

Si on revenait à l'équation (1) du paragraphe I au lieu d'envisager l'équation (1), il faudrait remplacer le noyau $K(x,y)$ par $\lambda K(x,y)$, et alors la série

$$\sum_i^\infty \lambda^i K_i(x,y)$$

convergera comme celle majorante

$$\sum_i^\infty \lambda^{i+1} M^{i+1},$$

si

$$|\lambda| < \frac{1}{M}.$$

Si nous regardons la série

$$\sum_1^\infty \lambda^i K_i(x,y)$$

comme un élément d'une fonction analytique $K(\lambda)$ de la variable complexe λ, et nous définissons cette fonction par la loi avec laquelle on calcule les coefficients de l'élément même, on constate que la fonction ainsi calculée est toujours une fonction méromorphe.

X. — Cas d'un système d'équations.

Examinons, pour simplifier, le cas de deux équations, savoir

$$(1) \begin{cases} u_1(y) + \lambda \int_0^1 u_1(x)\, K_{11}(x, y)\, dx + \lambda \int_0^1 u_2(x)\, K_{21}(x, y)\, dx = \varphi_1(y), \\[2mm] u_2(y) + \lambda \int_0^1 u_1(x)\, K_{12}(x, y)\, dx + \lambda \int_0^1 u_2(x)\, K_{22}(x, y)\, dx = \varphi_2(y), \end{cases}$$

où u_1 et u_2 sont les fonctions inconnues, et où l'on suppose $K_{11}(x, y)$, $K_{12}(x,y)$, $K_{21}(x,y)$, $K_{22}(x,y)$, finies et continues. Cela posé, envisageons la fonction $K(x, y)$ définie de la manière suivante ($fig.$ 4). Dans le premier carré, c'est-à-dire pour $1 > x \geqq 0$, $1 > y \geqq 0$, $K(x, y) = K_{11}(x, y)$; dans le deuxième, c'est-à-dire pour

Fig. 4.

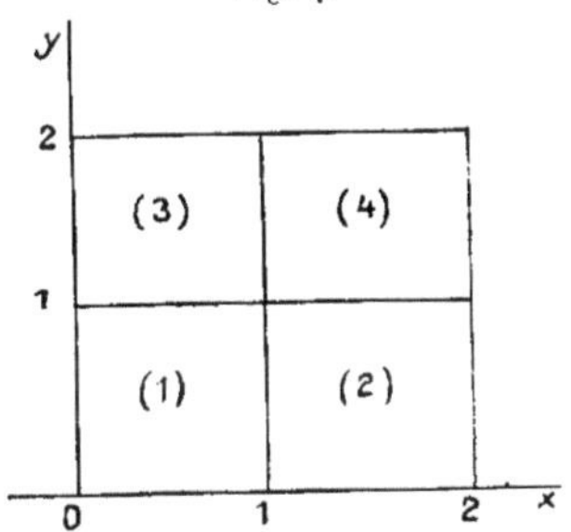

$2 \geqq x \geqq 1$, $1 > y \geqq 0$, $K(x, y) = K_{21}(x - 1, y)$; dans le troisième carré, c'est-à-dire pour $1 > x \geqq 0$, $2 \geqq y \geqq 1$, $K(x, y) = K_{12}(x, y - 1)$; enfin, dans le quatrième carré, c'est-à-dire pour $2 \geqq x \geqq 1$, $2 \geqq y \geqq 1$, $K(x, y) = K_{22}(x - 1, y - 1)$. De même considérons la fonction $\varphi(x)$ ainsi définie : pour $1 > x \geqq 0$ on a

$$\varphi(x) = \varphi_1(x),$$

et pour $2 \geqq x \geqq 1$ on a

$$\varphi(x) = \varphi_1(x - 1).$$

Alors on pourra remplacer le système (1) par l'équation unique

$$u(y) + \lambda \int_0^2 K(x, y)\, u(x)\, dx = \varphi(y).$$

On peut traiter de la même façon le cas d'un nombre quelconque d'équations.

XI. — CAS OÙ LE NOYAU DEVIENT INFINI.

Nous avons supposé jusqu'ici $K(x,y)$ fini dans tout l'intervalle d'intégration. Mais il peut arriver que le noyau devient infini en quelques points.

Nous avons déjà traité des cas où le noyau devient infini pour l'équation de Volterra. Nous allons envisager le cas de Fredholm. Soit

$$\varphi(x) = u(x) + \lambda \int_0^1 K(x,y)\, u(y)\, dy,$$

où $K(x,y)$ devient infini en quelques points.

Substituons sous le signe intégral

$$\varphi(y) - \lambda \int_0^1 K(y,\xi)\, u(\xi)\, d\xi$$

à $u(y)$. Alors, en posant

$$K_1(x,\xi) = \int_0^1 K(x,y)\, K(y,\xi)\, dy,$$

on aura

$$(1) \quad u(x) = \varphi(x) - \lambda \int_0^1 K(x,y)\, \varphi(y)\, dy + \lambda^2 \int_0^1 K_1(x,y)\, u(y)\, dy,$$

équation qui garde le type de Fredholm. Il peut arriver que $K_1(x,y)$ soit fini dans tout l'intervalle d'intégration ; dans le cas contraire, on recommencera de nouveau l'opération en partant cette fois de (1). Nous sommes donc amenés à envisager une suite de fonctions itérées

$$K_1(x,y), \quad K_2(x,y), \quad \ldots, \quad K_n(x,y),$$

telles que

$$K_n(x,\xi) = \int_0^1 K_{n-1}(x,y)\, K(y,\xi)\, dy.$$

Si $K(x,y)$ devient infinie comme $\dfrac{1}{(x-y)^\alpha}$ où $0 < \alpha < 1$, ces fonctions itérées sont finies à partir d'un certain rang i. On est ainsi ramené à l'étude d'équations de Fredholm à noyau fini. Par exemple, si $\alpha < \frac{1}{2}$, $K_1(x,y)$ est finie dans tout l'intervalle d'intégration.

Il y a aussi d'autres manières de traiter le cas des noyaux singuliers.

Nous renvoyons pour cela aux travaux de Lalesco, Hilbert et d'autres ([1]).

XII. — CAS DES INTÉGRALES MULTIPLES.

L'analyse que nous venons de développer se généralise sans aucune difficulté au cas des intégrales multiples.

On peut avoir des équations intégrales de la forme

$$\varphi(x,y) = u(x,y) + \lambda \int_0^1 \int_0^1 K(x,y\,|\,\xi,\eta)\, u(\xi,\eta)\, d\xi\, d\eta$$

ou même du type

$$(1) \qquad \varphi(x,y) = u(x,y) + \lambda \int_\sigma K(x,y\,|\,\xi,\eta)\, u(\xi,\eta)\, d\xi\, d\eta$$

où l'intégrale est étendue à une aire σ et le point x, y est aussi un point quelconque de cette aire.

Pour passer du cas des intégrales simples à ces nouveaux cas, il suffit de remplacer dans les formules que nous avons données, à chacune des variables x, ξ qui paraissaient dans le noyau $K(x,\xi)$, les groupes des variables x, y ; $\xi\eta$, qui paraissent dans les nouveaux noyaux. C'est ainsi, par exemple, que, en voulant calculer le déterminant de l'équation (1), il faut écrire

$$K\begin{pmatrix} x_1, y_1 ; x_2, y_2 ; \ldots ; x_\nu y_\nu \\ x_1, y_1 ; x_2, y_2 ; \ldots ; x_\nu y_\nu \end{pmatrix}$$

$$= \begin{vmatrix} K(x_1,y_1\,|\,x_1,y_1), & K(x_1,y_1\,|\,x_2 y_2), \ldots K(x_1,y_1\,|\,x_\nu,y_\nu) \\ \hdotsfor{3} \\ K(x_\nu,y_\nu\,|\,x_1,y_1), & K(x_\nu,y_\nu\,|\,x_2,y_2), \ldots K(x_\nu,y_\nu\,|\,x_\nu,y_\nu) \end{vmatrix}$$

et former la série

$$D_K = 1 + \sum_1^\infty \frac{\lambda^\nu}{\nu!} \int_\sigma \cdots \int_\sigma K\begin{pmatrix} x_1, y_1 ; \ldots ; x_\nu, y_\nu \\ x_1, y_1 ; \ldots ; x_\nu, y_\nu \end{pmatrix} dx_1\, dy_1 \ldots dx_\nu\, dy_\nu$$

Il est inutile de développer les différentes formules qui se présentent, ainsi que le cas des noyaux infinis qui se développent analoguement à ce qu'on a fait dans le paragraphe précédent.

([1]) *Comptes rendus*, 1907 ; *Gött. Nachrichten*, 1904.

XIII. — Application au problème de Dirichlet.

Le problème de Dirichlet s'énonce de la manière suivante :
Les valeurs d'une fonction régulière harmonique dans un domaine S sont connues sur la frontière s. Déterminer cette fonction dans tous les points du domaine. Il a été résolu par M. Fredholm en le rattachant aux équations intégrales. Envisageons le cas le plus simple, celui où le domaine S est plan. Si u est une fonction harmonique régulière, on a, d'après le théorème de Green,

$$u(x,y) = \frac{1}{2\pi} \int_s \left(u \frac{d \log \frac{1}{r}}{dn} - \frac{du}{dn} \log \frac{1}{r} \right) ds,$$

r étant la distance entre le point x, y et un point de la frontière s, n étant la normale à la ligne s interne au champ S.

Le problème de Dirichlet serait résolu si l'on pouvait éliminer $\frac{du}{dn}$ le long de s. On fait cette élimination dans beaucoup des cas en calculant la fonction de Green. Mais nous voulons envisager le cas général. M. Fredholm, en suivant Neumann et Poincaré, a mis la fonction harmonique $u(x,y)$ sous la forme d'un potentiel de double couche

$$u(x,y) = \int_s \varphi(s) \frac{d \log \frac{1}{r}}{dn} ds$$

et a cherché de déterminer la densité inconnue $\varphi(s)$.

Supposons de nous approcher à un point s_1 du contour. On aura

$$u(s_1) = \pi \varphi(s_1) - \int_s \varphi(s) \frac{d \log \frac{1}{r(s, s_1)}}{dn} ds,$$

où $r(s, s_1)$ dénote la distance entre les points s et s_1 du contour, ou bien

$$(1) \qquad u(s_1) = \pi \varphi(s_1) + \int_s \varphi(s) \left(\frac{1}{r(s, s_1)} \cos nr \right) ds.$$

Si nous posons

$$F(s, s_1) = \frac{1}{r(s, s_1)} \cos nr$$

et si nous supposons de prendre pour unité la longueur du contour s,
on trouve l'équation intégrale du type

$$u(s_1) = \pi \varphi(s_1) + \int_0^1 \varphi(s)\, F(s, s_1)\, ds,$$

dont le noyau est fini dans l'intervalle d'intégration.

Il est aisé de voir que le déterminant $D_F\left(\dfrac{1}{\pi}\right)$ de cette équation
est différent de zéro. En effet, s'il était nul, il y aurait des solutions
de l'équation intégrale homogène

$$(2) \qquad 0 = \pi \varphi(s_1) + \int_0^1 \varphi(s)\, F(s, s_1)\, ds.$$

Or, si cette équation était vérifiée, le potentiel de double couche

$$v(x,y) = \int_s \varphi_1(s)\, \frac{d \log \frac{1}{r}}{dn}\, ds$$

prendrait des valeurs nulles en s'approchant au contour s du côté
interne au domaine S. C'est pourquoi v_1 serait nul dans tout le
domaine et sa dérivée par rapport à la normale interne serait aussi
nulle. Mais la dérivée normale doit être continue en passant de
l'interne à l'externe, par suite v, ayant la dérivée normale externe
nulle, serait nul dans tous les points du plan externes au domaine S.
On aurait donc

$$0 = \pi \varphi(s_1) - \int_0^1 \varphi(s)\, F(s, s_1)\, ds,$$

d'où l'on tire, en ayant garde à l'équation (2),

$$(3) \qquad \varphi(s) = 0.$$

Puisque l'équation (2) n'a que la solution (3), on peut conclure
que $D_F\left(\dfrac{1}{\pi}\right)$ n'est pas nul. Par suite, en vertu de la théorie développée, l'équation intégrale (1) n'a qu'une solution, et, en rem-
plaçant dans le potentiel de double couche la densité par cette
solution, on trouve celle du problème de Dirichlet.

XIV. — APPLICATION AUX ÉQUATIONS DES VIBRATIONS.

α. Envisageons d'abord l'équation aux dérivées partielles du type hyperbolique

$$\frac{\partial^2 u}{\partial x^2} - \frac{\partial^2 u}{\partial t^2} = 0,$$

qu'on rencontre dans l'étude des cordes vibrantes.

D'Alembert en a donné l'intégrale générale sous la forme

$$F(x + t) + \Phi(x - t),$$

où F et Φ sont deux fonctions arbitraires.

Mais nous chercherons avec Taylor une solution de la forme

$$u = f(t)\,\varphi(x).$$

On trouve les équations différentielles ordinaires

$$\frac{d^2 f}{dt^2} = cf, \qquad \frac{d^2\varphi}{dx^2} = c\varphi,$$

c étant une constante.

D'où l'on obtient aisément

$$u = \left(C_1 e^{\sqrt{c}\,t} + C_2 e^{-\sqrt{c}\,t} \right)\left(A_1 e^{\sqrt{c}\,x} + A_2 e^{-\sqrt{c}\,x} \right),$$

c'est-à-dire, en considérant la constante c négative,

$$c = -m^2,$$
$$u = M \sin(mt + \alpha)\sin(mx + \beta),$$

où C_1, C_2, A_1, A_2, M, α et β sont des constantes arbitraires. Supposons que les extrêmes de la corde soient les points $x = 0$, $x = l$, et qu'ils soient des points fixes. Alors on prendra $\beta = 0$ et m devra être une racine de l'équation

$$(1) \qquad\qquad \sin ml = 0,$$

c'est-à-dire on aura

$$m = \frac{K\pi}{l},$$

K étant un nombre entier. Par suite,

$$u = M \sin\left(\frac{K\pi}{l} t + \alpha \right) \sin \frac{K\pi}{l} x.$$

Chacun des mouvements individualisés par cette formule est un mouvement harmonique et toutes les périodes de ces mouvements seront données par

$$T = \frac{2\pi}{m} = \frac{2l}{K},$$

où $K = 1, 2, 3, \ldots$.

Le procédé que nous avons suivi est un procédé différentiel, mais nous pouvons arriver au résultat en employant un procédé de type intégrale. Il est moins simple que l'autre et, par suite, dans ce cas, il ne lui est pas préférable; mais, comme nous allons voir, il a l'avantage qu'on peut l'étendre aux cas plus compliqués bien plus facilement que tout autre procédé. C'est pourquoi nous allons l'exposer. Les comparaisons qu'on en tire sont très suggestives.

Envisageons l'équation

$$(2) \qquad \frac{d^2\psi}{dx^2} = F(x) \qquad (0 \leq x \leq 1),$$

l'expression

$$\psi(x) = \frac{1}{2}\int_0^1 |x-\xi|\, F(\xi)\, d\xi,$$

où $|x - \xi|$ dénote le module de la différence, satisfait effectivement l'équation (2), et, comme l'intégrale générale de l'équation $\frac{d^2\phi}{d^2 x} = 0$ est $Ax + B$, A et B étant des constantes arbitraires, l'intégrale générale de l'équation (2) est donnée par

$$(3) \quad \psi(x) = Ax + B + \frac{1}{2}\int_0^1 f(x,\xi)\,F(\xi)\, d\xi \qquad \text{où} \qquad |x-\xi| = f(x,\xi).$$

Pour déterminer les constantes arbitraires, posons les conditions aux extrêmes $\psi(0) = M$, $\psi(1) = N$. Il viendra

$$B = M - \frac{1}{2}\int_0^1 \xi F(\xi)\, d\xi,$$

$$A = N - M + \int_0^1 \xi F(\xi)\, d\xi - \frac{1}{2}\int_0^1 F(\xi)\, d\xi.$$

En substituant ces valeurs dans l'équation (3), il résulte

$$\psi(x) = \frac{1}{2}\int_0^1 [f(x,\xi) + 2x\xi - x - \xi]\,F(\xi)\, d\xi + (N-M)x + M.$$

V.   9

Écrivons

$$\frac{1}{2}\left[f(x,\xi)+2x\xi-x-\xi\right]=G(x,\xi)$$

et remarquons que cette fonction est symétrique. On aura

$$\psi(x)=\int_0^1 G(x,\xi)\,F(\xi)\,d\xi+(N-M)x+M.$$

Si $\psi(x)$ s'annule aux extrèmes, on doit faire

$$N=M=0$$

et l'on a

$$(4)\qquad\qquad \psi(x)=\int_0^1 G(x,\xi)F(\xi)\,d\xi.$$

Ceci posé, revenons aux deux équations ordinaires

$$\frac{d^2 f}{dt^2}=cf,\qquad \frac{d^2\varphi}{dx^2}=c\varphi\qquad(c=-m^2),$$

en supposant, pour simplifier, $l=1$.

La solution de la seconde équation revient alors, en vertu de l'équation (4), à résoudre l'équation intégrale homogène

$$(5)\qquad\qquad \varphi(x)+m^2\int_0^1 G(x,\xi)\,\varphi(\xi)\,d\xi=0.$$

Or, pour qu'elle soit satisfaite, il faut que le déterminant de cette équation soit nul, c'est-à-dire

$$D_G(m^2)=0.$$

Donc les valeurs de m^2 et, par suite, les périodes de vibration, s'obtiendront en résolvant cette équation transcendante qui a par conséquent les mêmes racines que l'équation (1), c'est-à-dire

$$\sin m=0.$$

β. Envisageons maintenant l'équation des vibrations d'une membrane élastique, savoir

$$(6)\qquad\qquad \frac{\partial^2 u}{\partial x^2}+\frac{\partial^2 u}{\partial y^2}=\frac{\partial^2 u}{\partial t^2}.$$

En posant

$$u=f(t)\,\varphi(x,y),$$

on aura

$$\frac{d^2 f}{dt^2} + m^2 f = 0,$$

$$(7) \qquad \frac{\partial^2 \varphi}{\partial x^2} + \frac{\partial^2 \varphi}{\partial y^2} + m^2 \varphi = 0,$$

m étant une constante. On en tire

$$u = \sin\,(mt + \alpha)\,\varphi\,(x, y)\,,$$

où α est une constante arbitraire.

Si nous supposons que la membrane soit fixée au bord, il faudra que φ soit nulle au contour de l'aire σ occupée par la membrane dans l'état d'équilibre. Les périodes de vibration seront données par

$$T = \frac{2\pi}{m}.$$

C'est pourquoi il faut trouver toutes les valeurs de m pour lesquelles l'équation (7) est vérifiée, φ étant nulle au contour s du domaine σ, sans qu'elle soit nulle dans tous les points de σ.

Dans l'équation (7) on ne peut procéder à la séparation des variables [comme nous avons séparé t dans l'équation (6)] que dans quelques cas particuliers. Pour étudier la question en général, employons la méthode intégrale que nous avons appliquée dans le cas précédent.

A cet effet, considérons l'équation

$$\frac{\partial^2 \Psi}{\partial x^2} + \frac{\partial^2 \Psi}{\partial y^2} = F\,(x, y),$$

où $F(x, y)$ satisfait dans le domaine σ aux conditions auxquelles doit vérifier la densité d'un potentiel logarithmique pour que le théorème de Poisson soit vérifié. Le théorème de Green nous donne

$$\Psi(x,y) = \frac{1}{2\pi} \int_s \left(\Psi\,\frac{d}{dn}\log\frac{1}{r} - \log\frac{1}{r}\,\frac{d\Psi}{dn} \right) ds - \frac{1}{2\pi} \int_\sigma F\,(\xi, \eta)\,\log\frac{1}{r}\,d\sigma,$$

r étant la distance entre le point $x,\ y$ et un point variable de σ ou de s, et n étant la normale interne. En éliminant $\dfrac{d\Psi}{dn}$ par la fonction de Green $\mathcal{G}$, on a

$$\Psi(x,y) = \frac{1}{2\pi} \int_s \left(\Psi \frac{d}{dn} \left(\log \frac{1}{r} + \mathcal{G} \right) ds - \frac{1}{2\pi} \int_{\sigma_i} F(\xi, \eta) \left(\log \frac{1}{r} + \mathcal{G} \right) d\sigma;$$

et si nous supposons que Ψ soit nul au contour,

$$(8) \qquad \Psi(x,y) = \frac{1}{2\pi} \int_\sigma F(\xi, \eta) \, G(x,y,\xi,\eta) \, d\sigma,$$

ayant posé

$$- G(x,y,\xi,\eta) = \log \frac{1}{r} + \mathcal{G}.$$

Il est intéressant de remarquer que l'équation (8) correspond à l'équation (4).

Envisageons maintenant l'équation

$$\frac{\partial^2 \varphi}{\partial x^2} + \frac{\partial^2 \varphi}{\partial y^2} + m^2 \varphi = 0,$$

et supposons que φ satisfait aux mêmes conditions auxquelles nous avons assujetti précédemment F. En substituant dans (8), φ et $- m^2 \varphi$ au lieu de Ψ et F, on obtient

$$(9) \qquad \varphi(x,y) + \frac{m^2}{2\pi} \int_\sigma \varphi(\xi, \eta) \, G(x,y,\xi,\eta) \, d\sigma = 0,$$

équation intégrale homogène qui correspond à (5), mais dont l'intégrale est étendue à la surface plane σ.

Remarquons que cette équation a le noyau symétrique, en vertu d'un théorème bien connu des fonctions de Green. Il faut aussi observer que le noyau devient infini du même ordre que $\log r$ pour $x = \xi$, $y = \eta$. Mais nous remplaçons l'équation précédente par l'autre

$$(10) \qquad \varphi(x,y) + \left(\frac{m^2}{2\pi} \right)^2 \int_\sigma \varphi(\xi, \eta) \, G_1(x,y,\xi,\eta) \, d\sigma = 0,$$

où

$$G_1(x,y,\xi,\eta) = - \int_\sigma G(x,y,\xi_1,\eta_1) \, G(\xi_1,\eta_1,\xi,\eta) \, d\xi_1 \, d\eta_1.$$

L'équation (10) a le noyau fini ($voir$ § XI, XII).

Si l'on désigne par $D_{G_1}(\lambda)^2$ le déterminant correspondant à l'équation (10) où l'on a remplacé $\frac{m^2}{2\pi}$ par λ, la quantité $\frac{m^2}{2\pi}$ doit satisfaire l'équation

$$(11) \qquad\qquad D_{G_1}(\lambda^2) = 0.$$

Réciproquement, si λ est une racine de l'équation précédente, on aura au moins une solution de l'équation intégrale (9) qui n'est pas nulle en prenant $\frac{m^2}{2\pi} = \pm\,\lambda$.

En effet, si $\varphi(x, y)$ satisfait l'équation (10), en posant

$$\psi(x,y) = \frac{m^2}{2\pi} \int_\sigma G(x,y,\xi,\eta)\,\varphi(\xi,\eta)\,d\sigma,$$

on aura

$$\varphi(x,y) = \frac{m^2}{2\pi} \int_\sigma G(x,y,\xi,\eta)\,\psi(\xi,\eta)\,d\sigma,$$

et par suite

$$\psi(x,y) \pm \varphi(x,y) = \pm\,\frac{m^2}{2\pi} \int_\sigma G(x,y,\xi,\eta)\,[\psi(\xi,\eta) \pm \varphi(\xi,\eta)]\,d\sigma.$$

Il faut remarquer que les solutions de l'équation (9) sont finies et continues, par conséquent on peut dériver une fois, soit par rapport à x, soit par rapport à y sous le signe d'intégration dans l'intégrale

$$\int_\sigma \varphi(\xi,\eta)\,G(x,y,\xi,\eta)\,d\sigma.$$

C'est pourquoi, en vertu de l'équation (9), $\varphi(x,y)$ aura les dérivées de premier ordre, d'où l'on tire que les conditions pour l'applicabilité du théorème de Poisson sont satisfaites. A toute solution de l'équation (11) correspond une solution de l'équation (7) qui s'annule au contour.

L'équation (10) correspond à l'équation analogue que nous avons trouvé dans le cas de la corde élastique.

XV. — Application aux oscillations des liquides.

Considérons un liquide pesant limité par une surface libre et des parois rigides. S'il accomplit des petites oscillations parallèles à un plan vertical x, y et indépendantes de la troisième coordonnée z, $\Phi(x, y, t)$ étant le potentiel de vitesse, on a sur la surface libre $\dfrac{\partial^2 \Phi}{\partial t^2} = \alpha \dfrac{\partial \Phi}{\partial n}$, sur les parois rigides $\dfrac{\partial \Phi}{\partial n} = 0$, à l'intérieur $\Delta^2 \Phi = 0$, où n désigne la normale au contour, α une constante, t le temps. Posons $\Phi = \sin nt\, \varphi(x, y)$. Les périodes des oscillations seront $\dfrac{2\pi}{n}$, et les équations précédentes deviennent $n^2 \varphi + \alpha \dfrac{\partial \varphi}{\partial n} = 0$, $\dfrac{\partial \varphi}{\partial n} = 0$, $\Delta^2 \varphi = 0$. On en tire

$$\varphi(x_1, y_1) - \varphi(x_2, y_2) = \frac{n^2}{2\pi\alpha} \int_a^b (\log r_1 - \log r_2 + G'') \varphi(x, 0)\, dx,$$

r_1 et r_2 étant les distances des points x_1, y_1 et x_2, y_2 du point $x, 0$, G'' la fonction de Green pour le problème dérivé de Dirichlet, et en supposant que l'axe horizontal x appartient à la surface libre dont la largeur est $b - a$. On déduit de l'équation précédente

$$(1)\quad \varphi(x_1, 0) - \varphi(x_2, 0) = \frac{n^2}{2\pi\alpha} \int_a^b \left[\log|x_1 - x| - \log|x_2 - x| + G'' \right] \varphi(x, 0)\, dx.$$

Mais on a

$$\int_a^b \varphi(x_2, 0)\, dx_2 = 0.$$

En vertu de cette équation on peut éliminer $\varphi(x_2, 0)$ de l'équation (1) qui se réduit à

$$\varphi(x_1, 0) = \frac{n^2}{2\pi\alpha} \int_a^b \varphi(x, 0)\, G(x_1, x)\, dx.$$

Cette équation a le noyau infini, mais cela ne porte pas des difficultés. Donc, les périodes se déduisent des racines du déterminant d'une équation intégrale ([1]).

***

([1]) C'est en considérant ce problème que j'ai eu l'occasion, en 1898, dans ma conférence de Turin, sur le phénomène des Seiches, de remarquer que sa résolution peut s'obtenir par une méthode qui amène à l'emploi des déterminants infinis (*Nuovo Cimento*, 4ᵉ série, t. VIII).

M. Hilbert résout ce problème comme exemple d'application de ses résultats généraux sur les équations intégrales.

XVI. — RÉSOLUTION D'UNE ÉQUATION INTÉGRALE TRANSCENDANTE.

Nous allons traiter ici l'équation intégrale générale à limites
constantes dont nous avons dit déjà quelques mots (Chap. I, § XI),

$$(1) \quad \mu \varphi(x) = \lambda u(x) + \lambda \int_0^1 K_1(x, \xi_1) u(\xi_1) d\xi_1$$

$$+ \dots \dots \dots \dots \dots \dots \dots \dots \dots \dots$$

$$+ \frac{\lambda^n}{n!} \int_0^1 \dots \int_0^1 K_n(x, \xi_1, \dots, \xi_n) u(\xi_1) \dots u(\xi_n) d\xi_1 \dots d\xi_n$$

$$+ \dots \dots \dots \dots \dots \dots \dots \dots \dots \dots \dots \dots$$

Nous supposerons que les noyaux $K_i(x, \xi_1, \dots, \xi_i)$ soient *symétriques* par rapport aux variables d'intégration $\xi_1, \dots, \xi_i$. Nous
envisagerons $u(x)$ comme fonction inconnue et $\varphi(x)$ et les
noyaux $K_i(x, \xi_1, \dots, \xi_u)$ comme des fonctions connues. De même
que les équations intégrales, considérées jusqu'à présent, peuvent
être regardées comme correspondantes à des équations algébriques
linéaires, celle-ci peut être considérée comme correspondante à
des systèmes d'équations transcendantes.

Développons (¹) $\lambda u(x)$ en série suivant les puissances de μ, en
supposant que pour $\mu = 0$ on ait $\lambda = 0$. On pourra écrire

$$(2) \qquad \lambda u(x) = \sum_{n=1}^{\infty} \frac{\mu^n}{n!} \left[\frac{d^n(\lambda u)}{d\mu^n} \right]_{\mu = 0}.$$

Pour calculer les coefficients, dérivons une fois l'équation (1),
par rapport à μ, puis faisons-y $\mu = 0$; il résulte

$$(3) \qquad \varphi(x) = \left[\frac{d[\lambda u(x)]}{d\mu} \right]_0 + \int_0^1 K_1(x, \xi_1) \left[\frac{d[\lambda u(\xi_1)]}{d\mu} \right]_0 d\xi_1,$$

équation intégrale linéaire du type de Fredholm, dont l'inconnue
est $\left[\dfrac{d(\lambda u)}{d\mu} \right]_0$. Supposons que le déterminant ne soit pas nul, alors
en désignant par S_1 le *noyau résolvant*, on peut écrire

$$(4) \qquad \left[\frac{d[\lambda u(x)]}{d\mu} \right]_0 = \varphi(x) + \int_0^1 S_1(x, \xi_1) \varphi(\xi_1) d\xi_1.$$

(¹) V. VOLTERRA, *Leçons de Stockholm*, leçon VII, 1906; *Sur les fonctions qui
dépendent d'autres fonctions* (*Comptes rendus*, 1ᵉʳ sem. 1906).

Dérivons une deuxième fois (1) en posant de même $\mu = 0$. Nous aurons

$$0 = \left[\frac{d^2[\lambda u(x)]}{d\mu^2}\right]_0 + \int_0^1 K_1(x, \xi_1)\left[\frac{d^2[\lambda u(\xi_1)]}{d\mu^2}\right]_0 d\xi_1$$

$$+ \int_0^1 \int_0^1 K_2(x, \xi_1, \xi_2)\left[\frac{d[\lambda u(\xi_1)]}{d\mu}\right]_0 \left[\frac{d[\lambda u(\xi_2)]}{d\mu}\right]_0 d\xi_1 d\xi_2.$$

Nous pouvons regarder dans cette équation $\left[\dfrac{d^2[\lambda u(x)]}{d\mu^2}\right]_0$ comme la fonction inconnue, toutes les autres fonctions étant connues. D'après l'hypothèse que nous venons de faire, le déterminant n'est pas nul, et l'on a

$$-\left\{\frac{d^2[\lambda u(x)]}{d\mu^2}\right\}_0$$

$$= \int_0^1 \int_0^1 K_2(x, \xi_1, \xi_2)\left\{\frac{d[\lambda u(\xi_1)]}{d\mu}\right\}_0 \left\{\frac{d[\lambda u(\xi_2)]}{d\mu}\right\}_0 d\xi_1 d\xi_2.$$

$$+ \int_0^1 S_1(x, \xi_3) d\xi_3 \int_0^1 K_2(\xi_3, \xi_1, \xi_2)\left\{\frac{d[\lambda u(\xi_1)]}{d\mu}\right\}_0 \left\{\frac{d[\lambda u(\xi_2)]}{d\mu}\right\}_0 d\xi_1 d\xi_2.$$

Si nous remplaçons $\left[\dfrac{d[\lambda u(\xi_1)]}{d\mu}\right]_0 \left[\dfrac{d[\lambda u(\xi_2)]}{d\mu}\right]_0$ par les valeurs tirées de la formule (4), nous aurons l'inconnue $\left[\dfrac{d^2(\lambda u)}{d\mu^2}\right]_0$ sous la forme

$$\left[\frac{d^2[\lambda u(x)]}{d\mu^2}\right]_0 = \int_0^1 \int_0^1 S_2(x, \xi_1, \xi_2)\varphi(\xi_1)\varphi(\xi_2) d\xi_1 d\xi_2.$$

En calculant par le même procédé les dérivées successives, on trouvera en général

$$\left\{\frac{d^{(n)}[\lambda u(x)]}{d\mu^n}\right\}_0 = \int_0^1 \cdots \int_0^1 S_n(x, \xi_1, \ldots, \xi_n)\varphi(\xi_1)\cdots\varphi(\xi_n),$$

où $S_n(x, \xi_1, \ldots, \xi_n)$ est symétrique par rapport aux variables $\xi_1, \ldots, \xi_n$. Donc *la solution de l'équation intégrale transcendante* (1) *est donnée par*

$$(5) \quad \lambda u(x) = \mu\varphi(x) + \mu \int_0^1 S_1(x, \xi_1)\varphi(\xi_1) d\xi_1$$

$$+ \ldots\ldots\ldots\ldots\ldots\ldots\ldots\ldots\ldots$$

$$+ \frac{\mu^n}{n!} \int_0^1 \cdots \int_0^1 S_n(x, \xi_1, \ldots, \xi_n)\varphi(\xi_1)\cdots\varphi(\xi_n) d\xi_1 \ldots d\xi_n$$

$$+ \ldots\ldots\ldots\ldots\ldots\ldots\ldots\ldots\ldots$$

qui est de la même forme que (1).

Pour étudier la convergence, supposons qu'on ait

$$| \, \mathrm{K}_n(x, \xi_1, \xi_2, \ldots, \xi_n) \, | \leqq \frac{n! \, \mathrm{M}}{\Lambda^n},$$

M et Λ étant des quantités finies positives.

La série (1) sera convergente si

$$| \, \lambda \, u(x) \, | < \Lambda.$$

Le déterminant n'étant pas nul, on saura que $\mathrm{S}_1(x, \xi_1)$ est finie et par suite on pourra trouver un nombre σ_1, tel que

$$| \, 1 + \mathrm{S}_1(x, \xi_1) \, | < \sigma_1.$$

Considérons maintenant l'équation

$$(6) \qquad \frac{1}{\sigma_1} y = z + \frac{\mathrm{M} \, y^2}{\Lambda^2} + \frac{\mathrm{M} \, y^3}{\Lambda^3} + \ldots,$$

d'où l'on tire

$$(7) \qquad y = \sigma_1 z + \sigma_2 z^2 + \sigma_3 z^3 + \ldots,$$

il est évident que

$$| \, \mathrm{S}_n(x, \xi_1, \xi_2, \ldots, \xi_n) \, | < \sigma_n.$$

Mais l'équation (6) peut s'écrire

$$(6') \qquad \frac{1}{\sigma_1} y = z + \frac{\mathrm{M} \, y^2}{\Lambda(\Lambda - y)}.$$

En résolvant cette équation de second degré par rapport à y, on a

$$y = \frac{\Lambda \left[\sigma_1 z + \Lambda \pm \sqrt{(\sigma_1 z + \Lambda)^2 - 4 \sigma_1 z (\mathrm{M} \sigma_1 + \Lambda)} \, \right]}{2(\mathrm{M} \sigma_1 + \Lambda)}.$$

On en conclut que la série (7) sera convergente et représentera cette solution si

$$| \, z \, | < \frac{2 \mathrm{M} \sigma_1 + \Lambda - \sqrt{(2 \mathrm{M} \sigma_1 + \Lambda)^2 - \Lambda^2}}{\sigma_1}.$$

Par suite, la série (5) sera convergente et sera la solution de l'équation (1) si

$$| \, \mu\varphi \, | < \frac{2 \mathrm{M} \sigma_1 + \Lambda - \sqrt{(2 \mathrm{M} \sigma_1 + \Lambda)^2 - \Lambda^2}}{\sigma_1}.$$

CHAPITRE IV.

ÉQUATIONS INTÉGRO-DIFFÉRENTIELLES ET FONCTIONS PERMUTABLES.

I. — Remarques générales.

Dans les équations intégrales, les fonctions inconnues paraissent sous des intégrales définies. On peut imaginer des relations du même type où, outre les fonctions inconnues, paraissent leurs dérivées. Ce sont les équations *intégro-différentielles*. Nous allons montrer que des équations intégro-différentielles se présentent dans quelques questions de Physique.

Si dans un phénomène de Mécanique ou de Physique l'état futur du système envisagé ne dépend que de l'état actuel ou de celui infiniment voisin qui précède, on dit, selon la dénomination de M. Picard, que le phénomène n'est pas de nature *héréditaire*. Les problèmes qui s'y rattachent donnent lieu en général à des équations différentielles ordinaires ou aux dérivées partielles. Mais lorsque l'état futur du système dépend non seulement des valeurs de certains paramètres à l'instant actuel, mais de toutes leurs valeurs dans un intervalle de temps précédent, on dit que le phénomène est *héréditaire*.

Dans ces cas on est amené en général à des équations intégro-différentielles. Nous allons le montrer par un exemple particulier.

II. — Le problème statique de la torsion élastique héréditaire.

On sait, d'après la Physique élémentaire, qu'en première approximation le lien entre le couple de torsion P et l'angle de torsion ω est donné par la relation linéaire

$$\omega = k\mathrm{P},$$

où k est une constante qui dépend de la forme et de la nature du corps assujetti à la torsion. Or des expériences rigoureuses montrent que ω ne dépend pas du moment de torsion actuel seulement, mais aussi de tous les moments précédents; sous cet aspect le phénomène est héréditaire. Pour simplifier, supposons que l'hérédité antérieure à l'instant fixe t_0 soit négligeable. Alors il faut remplacer la seconde des équations précédentes par une équation du type

$$\omega(t) = k\,\mathrm{P}(t) + \mathrm{F}\Big[\,[\mathrm{P}(\tau)]_{t_0}^{t}\,\Big].$$

En supposant que F soit développable dans une série analogue à celle de Taylor, on aura (comparer Chap. I, § VIII)

$$(1) \quad \omega(t) = k\,\mathrm{P}(t) + \int_{t_0}^{t} \Phi_1(t,\tau_1)\,\mathrm{P}(\tau_1)\,d\tau_1 + \dots$$

$$+ \frac{1}{n!}\int_{t_0}^{t}\dots\int_{t_0}^{t} \Phi_n(t,\tau_1,\dots,\tau_n)\,\mathrm{P}(\tau_1)\dots\mathrm{P}(\tau_n)\,d\tau_1\dots d\tau_n + \dots,$$

où les fonctions $\Phi_n(t,\tau_1,\dots,\tau_n)$ sont symétriques par rapport à $\tau_1,\dots,\tau_n$. Si tous les termes sont négligeables par rapport aux termes linéaires en P, l'équation (1) devient

$$(2) \qquad \omega(t) = k\,\mathrm{P}(t) + \int_{t_0}^{t} \Phi(t,\tau)\,\mathrm{P}(\tau)\,d\tau.$$

Nous appelons $\Phi(t,\tau)$ *coefficient d'hérédité*. Le problème statique héréditaire amène donc à une équation intégrale. En la résolvant par rapport au moment de torsion, on trouvera

$$(3) \qquad \mathrm{P}(t) = k\,\omega(t) + \int_{t_0}^{t} \varphi(t,\tau)\,\omega(\tau)\,d\tau,$$

où $\varphi(t,\tau)$ se calcule moyennant $\Phi(t,\tau)$ d'après la règle connue (Chap. II, § II).

III. — ÉQUATION INTÉGRO-DIFFÉRENTIELLE DU PROBLÈME DYNAMIQUE DE LA TORSION HÉRÉDITAIRE.

Dans le cas que nous venons d'envisager, il faut supposer que les variations de ω soient très lentes, c'est pourquoi on le regarde comme un cas statique. Nous allons considérer le cas dynamique où la vitesse et l'accélération angulaires ne sont pas négligeables. C'est le cas des oscillations rapides. Pour le traiter on peut employer le principe de d'Alembert. En effet, substituant dans l'équation (2) aux forces les forces perdues, on a

$$\omega(t) = k\left[P(t) - \mu\frac{d^2\omega}{dt^2}\right] + \int_0^t \left[P(\tau) - \mu\frac{d^2\omega}{d\tau^2}\right]\Phi(t,\tau)\,d\tau,$$

où μ est une constante. Pour simplifier on a supposé $t_0 = 0$.

L'équation que nous venons de trouver est une *équation intégro-différentielle de second ordre*. Nous allons voir comment on peut la résoudre.

On en tire

$$(1) \qquad P(t) - \mu\frac{d^2\omega(t)}{dt^2} = \frac{1}{k}\omega(t) + \int_0^t \omega(\tau)\,\varphi(t,\tau)\,d\tau.$$

En intégrant par rapport à t entre 0 et θ, on a

$$\int_0^\theta \left[P(t) - \mu\frac{d\omega^2(t)}{dt^2}\right]dt = \int_0^\theta \left[\frac{1}{k}\omega(t) + \int_0^t \omega(\tau)\,\varphi(t,\tau)\,d\tau\right]dt,$$

d'où, suivant la formule de Dirichlet (*voir* p. 36),

$$\int^\theta P(t)\,dt - \mu\frac{d\omega(\theta)}{d\theta} + \mu\,\omega'(0) = \int_0^\theta \omega(t)\left[\frac{1}{k} + \int_t^\theta \varphi(\tau,t)\,d\tau\right]dt,$$

c'est-à-dire, en posant

$$\frac{1}{k} + \int_t^\theta \varphi(\tau,t)\,d\tau = f(\theta,t),$$

$$\int_0^\theta P(t)\,dt - \mu\frac{d\omega(\theta)}{d\theta} + \mu\omega'(0) = \int_0^\theta \omega(t)f(\theta,t)\,dt.$$

Cette équation du premier ordre est aussi une équation intégro-différentielle.

Écrivons

$$\pi(\theta) = \int_0^\theta P(t)\,dt$$

et intégrons par rapport à θ entre 0 et T.

On aura

$$\int_0^T \pi(\theta)\,d\theta - \mu\,\omega(T) + \mu\,\omega(0) + \mu\,\omega'(0)T = \int_0^T d\theta \int_0^\theta \omega(t)f(\theta,t)\,dt$$

$$= \int_0^T \omega(t)\,dt \int_t^T f(\theta,t)\,d\theta,$$

et en posant

$$\int_0^T \pi(\theta)\,d\theta = \chi(T), \quad \int_t^T f(\theta, t)\,d\theta = \psi(T, t),$$

il viendra

$$\mu\,\omega(T) + \int_0^T \omega(t)\,\psi(T, t)\,dt = \chi(T) + \mu\,\omega(o) + \mu\,\omega'(o)\,T.$$

On est donc amené à une équation intégrale de Volterra de deuxième espèce dont la solution est donnée par

$$\omega(T) = \frac{1}{\mu}\left[\chi(T) + \mu\,\omega(o) + \mu\,\omega'(o)\,T\right]$$
$$+ \int_0^T \Psi(T, t)\left[\chi(t) + \mu\,\omega'(o)\,t + \mu\,\omega(o)\right]dt.$$

Cette formule nous donne ainsi la solution complète du problème dynamique de la torsion élastique héréditaire dans le cas où les oscillations ne sont pas libres. Si les oscillations sont libres, il faut poser dans l'équation (1) $P = o$, d'où $\chi = o$.

IV. — ÉTUDE DE L'ÉQUATION INTÉGRO-DIFFÉRENTIELLE FONDAMENTALE DU TYPE ELLIPTIQUE.

Nous avons considéré dans le paragraphe III une équation intégro-différentielle qu'on a pu résoudre en la ramenant à une équation intégrale ordinaire.

Nous allons envisager dans ce paragraphe une équation intégro-différentielle qu'on ne résout qu'en appliquant des méthodes nouvelles.

Soit $u(x, y, z, t)$ une fonction de quatre variables. Pour simplifier nous supprimerons dans son expression les lettres x, y, z. C'est pourquoi nous écrirons

$$\Delta_2 u(t) = \frac{\partial^2 u(t)}{\partial x^2} + \frac{\partial^2 u(t)}{\partial y^2} + \frac{\partial^2 u(t)}{\partial z^2}.$$

L'équation intégro-différentielle que nous étudions est

$$(1) \qquad \Delta_2 u(t) + \int_0^t \sum \frac{\partial^2 u(\tau)}{\partial x^2} f_1(t, \tau)\,d\tau = f(x, y, z, t),$$

où l'on a posé

$$\sum \frac{\partial^2 u(\tau)}{\partial x^2} f_1(t,\tau) = \frac{\partial^2 u(\tau)}{\partial x^2} f_1(t,\tau) + \frac{\partial^2 u(\tau)}{\partial y^2} f_2(t,\tau) + \frac{\partial^2 u(\tau)}{\partial z^2} f_3(t,\tau),$$

f_1, f_2, f_3 étant des fonctions finies et continues.

On l'obtient en considérant des phénomènes héréditaires en électrodynamique ([1]).

Nous pouvons la regarder comme le type des équations intégro-différentielles elliptiques aux dérivées partielles, tandis que l'équation intégro-différentielle considérée précédemment est du type des équations ordinaires.

Commençons par démontrer le théorème :

u étant régulière dans un domaine S *pour* $0 \leq t \leq T$, *elle sera déterminée si l'on connaît ses valeurs à la frontière* σ *de* S *pour les mêmes valeurs de* t.

Supposons qu'il existe deux solutions u_1 et u_2 de (1).
La fonction
$$u = u_1 - u_2$$
satisfait l'équation
$$0 = \Delta_2 u(t) + \int_0^t \sum \frac{\partial^2 u(\tau)}{\partial x^2} f_1(t,\tau)\, d\tau,$$
d'où
$$0 = \int_S u(t)\,\Delta_2 u(t) + \int_0^t \int_S u(t) \sum \frac{\partial^2 u(\tau)}{\partial x^2} f_1(t,\tau)\, dS\, d\tau.$$

Si l'on intègre par parties et l'on remarque ensuite que les intégrales étendues au contour σ s'annulent, puisque au contour
$$u_1 = u_2,$$
en posant
$$\Delta u(t) = \left[\frac{\partial u(t)}{\partial x}\right]^2 + \left[\frac{\partial u(t)}{\partial y}\right]^2 + \left[\frac{\partial u(t)}{\partial z}\right]^2,$$
on obtient

$$(2) \qquad 0 = \int_0^t \Delta u(t)\, dS + \int_0^t d\tau \int_S \sum \frac{\partial u(t)}{\partial x} \frac{\partial u(\tau)}{\partial x} f_1(t,\tau)\, dS.$$

([1]) VOLTERRA, *Sur les équations intégro-différentielles et leurs applications* (*Acta Mathematica*, t. XXXV).

Or supposons qu'il soit

$$|f_i(t,\tau)| < \frac{N}{3} \qquad (i = 1, 2, 3).$$

$$\int_S \Delta\, u(t)\, dS < M.$$

De l'inégalité

$$\int_S \left[\left|\frac{\partial u(t)}{\partial x}\right| - \left|\frac{\partial u(\tau)}{\partial x}\right| \right]^2 dS \geq 0,$$

on déduit, en développant le carré,

$$M > \int_S \left| \frac{\partial u(t)}{\partial x}\, \frac{\partial u(\tau)}{\partial x} \right| dS.$$

Analoguement on trouve

$$M > \int_S \left| \frac{\partial u(t)}{\partial y}\, \frac{\partial u(\tau)}{\partial y} \right| dS, \qquad M > \int_S \left| \frac{\partial u(t)}{\partial z}\, \frac{\partial u(\tau)}{\partial z} \right| dS.$$

C'est pourquoi

$$\int_S \left| \frac{\partial u(t)}{\partial x}\, \frac{\partial u(\tau)}{\partial x}\, f_1(t,\tau) \right| dS < \frac{MN}{3},$$

d'où

$$\int_0^t d\tau \int_S \sum \left| \frac{\partial u(t)}{\partial x}\, \frac{\partial u(\tau)}{\partial x}\, f_1(t,\tau) \right| dS < MN\, t,$$

et *a fortiori*

$$\left| \int_0^t d\tau \int_S \sum \frac{\partial u(t)}{\partial x}\, \frac{\partial u(\tau)}{\partial x}\, f_1(t,\tau)\, dS \right| < MN\, t.$$

De la relation (2) on tire donc

$$\int_S \Delta u(t)\, dS < MN\, t.$$

Par suite, on pourra écrire

$$(3) \qquad \begin{cases} \displaystyle \int_S \Delta u(t)\, dS < \frac{M(2Nt)}{2!}, \\[2mm] \displaystyle \int_S \Delta u(\tau)\, dS < \frac{M(2N\tau)}{2!}. \end{cases}$$

Or

$$\int_S \left\{ \sqrt{\tau}\, \left| \frac{\partial u(t)}{\partial \xi} \right| - \sqrt{t}\, \left| \frac{\partial u(\tau)}{\partial \xi} \right| \right\}^2 dS \geqq 0,$$

où ξ dénote une quelconque des variables x, y, z.

D'après les relations (3), on a donc

$$\int_S \left| \frac{\partial u(t)}{\partial \xi}\, \frac{\partial u(\tau)}{\partial \xi} \right| dS < MN\, t^{\frac{1}{2}} \tau^{\frac{1}{2}},$$

d'où

$$\int_S \Delta u(t)\, dS < \frac{2}{3}\, MN^2\, t^2 < \frac{M(2Nt)^2}{3!}.$$

Ainsi de suite, en remarquant que

$$\int_S \left[\tau^{\frac{n}{2}} \left| \frac{\partial u(t)}{\partial \xi} \right| - t^{\frac{n}{2}} \left| \frac{\partial u(\tau)}{\partial \xi} \right| \right]^2 dS \geqq 0,$$

on tire

$$\int_S \Delta u(t)\, dS < \frac{M(2Nt)^n}{(n+1)!}.$$

Cette relation étant vérifiée pour n aussi grand qu'on veut, il viendra

$$\int_S \Delta u(t)\, dS = \int_S \left\{ \left[\frac{\partial u(t)}{\partial x} \right]^2 + \left[\frac{\partial u(t)}{\partial y} \right]^2 + \left[\frac{\partial u(t)}{\partial z} \right]^2 \right\} dS = 0,$$

c'est-à-dire la fonction u est constante par rapport à x, y, z. Mais u est nulle au contour, donc $u = 0$ et

$$u_1 = u_2.$$

C. Q. F. D.

Nous appelons *adjointe* de (1) l'équation

$$\Delta_2 v(t) + \int_t^\theta \sum \frac{\partial^2 v(\tau)}{\partial x^2} f_1(\tau, t)\, d\tau = \varphi(x, y, z, t),$$

où $t \leqq \theta \leqq T$.

Posons

$$H_\sigma = \int_0^\theta dt \int_\sigma \left[v(t) \frac{\partial u(t)}{\partial n} - u(t) \frac{\partial v(t)}{\partial n} \right] d\sigma$$

$$+ \int_0^\theta dt \int_t^\theta d\tau \int_\sigma \sum \left\{ \left[v(\tau) \frac{\partial u(t)}{\partial x} - u(t) \frac{\partial v(\tau)}{\partial x} \right] f_1(\tau, t) \cos nx \right\} d\sigma,$$

n étant la normale externe au contour σ.

H_σ dépend évidemment de toutes les valeurs des fonctions u et v et est une fonction ordinaire de la variable θ. Nous écrirons donc, d'après cette remarque,

$$H_\sigma([u, v], \theta).$$

Il est facile de voir qu'on a

$$(4) \qquad H_\sigma([u, v], \theta) = \int_0^\theta dt \int_S (fv - \varphi u)\, dS$$

lorsque v est une fonction régulière dans le domaine S pour $0 \leqq t \leqq \theta \leqq T$. En effet, considérons l'équation primitive

$$f(t, x, y, z) = \Delta_2 u(t) + \int_0^t \sum \frac{\partial^2 u(\tau)}{\partial x^2} f_1(t, \tau)\, d\tau$$

et son adjointe

$$\varphi(t, x, y, z) = \Delta_2 v(t) + \int_t^\theta \sum \frac{\partial^2 u(\tau)}{\partial x^2} f_1(\tau, t)\, d\tau.$$

On tire de la première

$$\int_0^\theta dt \int_S fv(t)\, dS = \int_0^\theta dt \int \Delta_2 u(t) v(t)\, dS$$
$$+ \int_0^\theta dt \int_S dS \int_0^t v(t) \sum \frac{\partial^2 u(\tau)}{\partial x^2} f_1(t, \tau)\, d\tau ;$$

d'où, en appliquant successivement le théorème de Green et la formule de Dirichlet (*voir* p. 36),

$$= -\int_0^\theta \int_S \Delta(u, v)\, ds\, dt + \int_0^\theta \int_\sigma v \frac{du}{dn}\, dt\, d\sigma$$
$$- \int_0^\theta dt \int_S dS \int_t^\theta \sum \frac{\partial v(\tau)}{\partial x} \frac{\partial u(t)}{\partial x} f_1(\tau, t)\, d\tau$$
$$+ \int_0^\theta dt \int_t^\theta d\tau \int_\sigma \sum v(\tau) \frac{\partial u(t)}{\partial x} \cos nx\, f_1(\tau, t)\, d\sigma,$$

et analoguement de la seconde,

$$\int_0^\theta dt \int_S \varphi u(t)\, dS = -\int_0^\theta dt \int_S^\tau \Delta(u, v)\, dS + \int_0^\theta dt \int_\sigma u \frac{dv}{dn}\, d\sigma$$
$$- \int_0^\theta dt \int_S dS \int_t^\theta \sum \frac{\partial u(t)}{\partial x} \frac{\partial v(\tau)}{\partial x} f_1(\tau, t)\, d\tau$$
$$+ \int_0^\theta dt \int_t^\theta d\tau \int_\sigma \sum u(t) \frac{\partial v(\tau)}{\partial x} \cos nx\, f_1(\tau, t)\, d\sigma.$$

On a posé $\Delta(u, v) = \sum \frac{du(t)}{dx} \frac{dv(t)}{dx}$.

V.

En retranchant les deux relations on obtient

$$\int_0^\theta dt \int_S [f\,v(t) - \varphi\,u(t)]\,ds = \int_0^\theta dt \int_\sigma \left(v\frac{du}{dn} - u\frac{dv}{dn} \right) d\sigma$$

$$+ \int_0^\theta dt \int_t^\theta d\tau \int_\sigma \sum \left[v(\tau)\frac{\partial u(t)}{\partial x} - u(t)\frac{\partial v(\tau)}{\partial x} \right] f_1(\tau,t)\cos nx\,d\sigma;$$

l'équation (4) est ainsi démontrée.

Si $f = \varphi = 0$, on a,

$$H_\sigma([u, v], \theta) = 0.$$

Pour déduire de l'égalité précédente, ou de l'équation (4), une formule analogue à celle de Green, il faut calculer une intégrale fondamentale de l'équation adjointe, c'est-à-dire une intégrale qui devient infinie de même ordre que $\frac{1}{r}$, r étant la distance entre un point fixe (pôle) et un point quelconque x, y, z. Nous donnerons après dans un cas particulier le calcul de cette fonction fondamentale, en renvoyant au Mémoire qu'on vient de citer pour le calcul dans le cas général.

Pour montrer que l'équation (1) ne se pas ramène en général aux équations intégrales ordinaires, posons

$$u(x, y, z, t) + \int_0^t u(x, y, z, \tau)f_1(t,\tau)\,d\tau = U(x, y, z, t),$$

$$u(x, y, z, t) + \int_0^t u(x, y, z, \tau)f_2(t,\tau)\,d\tau = V(x, y, z, t),$$

$$u(x, y, z, t) + \int_0^t u(x, y, z, \tau)f_3(t,\tau)\,d\tau = W(x, y, z, t).$$

L'inversion de ces équations par la méthode que nous avons donnée dans le Chapitre II, § 11, nous donne

$$u(x, y, z, t) = U(x, y, z, t) + \int_0^t U(x, y, z, \tau)f_1'(t, \tau)\,d\tau$$

$$= V(x, y, z, t) + \int_0^t V(x, y, z, \tau)f_2'(t, \tau)\,d\tau$$

$$= W(x, y, z, t) + \int_0^t W(x, y, z, \tau)f_3'(t, \tau)\,d\tau.$$

L'équation (1) s'écrira alors

$$\frac{\partial^2 U}{\partial x^2} + \frac{\partial^2 V}{\partial y^2} + \frac{\partial^2 W}{\partial z^2} = f(x, y, z, t).$$

Nous sommes ainsi amenés à envisager au lieu de l'équation (1) un système simultané de deux équations intégrales de Volterra et d'une équation différentielle avec les trois inconnues U, V, W. Les problèmes des résolutions des équations intégrales et de l'équation différentielle ne se séparent que si $f_1 = f_2 = f_3$ où l'on a

$$U = V = W.$$

V. — FONCTIONS PERMUTABLES ET LEURS COMPOSITIONS.

Deux fonctions finies et continues, $F_1(x, y)$, $F_2(x, y)$, telles que

$$\int_x^y F_1(x, \xi) F_2(\xi, y)\, d\xi = \int_x^y F_2(x, \xi) F_1(\xi, y)\, d\xi,$$

sont appelées *permutables* (¹). L'opération précédente est appelée *composition*. $F_1(x, y)$, $F_2(x, y)$ sont les *composantes*, le résultat de la composition est la *résultante*. Nous désignerons la fonction résultante par

$$F_1 F_2(x, y), \quad F_2 F_1(x, y),$$

ou plus simplement par $F_1 F_2$, $F_2 F_1$, lorsqu'il n'est pas possible de confondre ces expressions avec le produit des deux fonctions. Démontrons maintenant que la composition jouit de la propriété *associative*. Considérons, en effet, trois fonctions

$$F_1(x, y), \quad F_2(x, y), \quad F_3(x, y)$$

et posons

$$\int_x^y F_1(x, \xi) F_2(\xi, y)\, d\xi = \Phi(x, y),$$

$$\int_x^y F_2(x, \xi) F_3(\xi, y)\, d\xi = \Psi(x, y).$$

En employant la formule de Dirichlet (*voir* p. 36), on aura

$$\int_x^y \Phi(x, \xi) F_3(\xi, y)\, d\xi = \int_x^y d\xi \int_x^\xi F_1(x, \eta) F_2(\eta, \xi) F_3(\xi, y)\, d\eta$$

$$= \int_x^y F_1(x, \eta)\, d\eta \int_\eta^y F_2(\eta, \xi) F_3(\xi, y)\, d\xi$$

$$= \int_x^y F_1(x, \eta) \Psi(\eta, y)\, d\eta.$$

(¹) VOLTERRA, *Questioni generali sulle equaz. int. e integro-diff.* (*Lincei*, 1910, 1ᵉ sem.). — Pour la permutabilité et la composition de seconde espèce, *voir* aussi : VOLTERRA, *Sopra una proprietà generale delle equazioni integrali ed integro-diff.* (*Lincei*, 1911, 2° sem.).

On peut écrire ce résultat symboliquement de la manière suivante

$$(F_1 F_2)F_3 = F_1(F_2 F_3),$$

ce qui démontre la propriété associative.

On tire de là que, si l'on a des fonctions permutables entre elles, en les composant, on trouve de nouvelles fonctions qui sont permutables entre elles et avec les fonctions primitives. Pour démontrer cette proposition il suffit de remarquer que, si F_1, F_2, F_3 sont permutables on a

$$(F_1 F_2)F_3 = F_1(F_2 F_3) = F_1(F_3 F_2) = (F_1 F_3)F_2 = (F_3 F_1)F_2 = F_3(F_1 F_2).$$

Le résultat de la composition de n fonctions permutables F_1, F_2, ..., F_n sera désigné par

$$F_1 F_2 \ldots F_n(x, y)$$

ou plus simplement par $F_1 F_2 \ldots F_n$, et si les fonctions sont égales à $F(x, y)$ par $F^n(x, y)$ ou F^n.

On voit aisément que des polynomes rationnels et entiers dont les termes sont des fonctions permutables sont aussi des fonctions permutables et leur composition s'obtient par la règle de la multiplication des polynomes.

Exemples des fonctions permutables. — α. Si nous partons d'une fonction finie et continue quelconque $F(x, y)$ et nous la composons avec elle-même de manière à calculer ce que nous venons de désigner par F^2, F^3, ..., F^p et si nous formons des polynomes $F^h + F^k + \ldots + F^i$, nous aurons des fonctions permutables.

Il est facile de remarquer que les opérations itératives que nous avons employées pour la résolution des équations intégrales ne sont que des compositions (*voir* Chap. II, § 2).

β. Deux fonctions finies et continues $F_1(y - x)$, $F_2(y - x)$ quelconques sont toujours permutables.

Envisageons en effet :

$$\int_x^y F_1(\xi - x) F_2(y - \xi)\, d\xi.$$

Posons

$$\xi - x = y - \eta;$$

d'où

$$\eta - x = y - \xi, \qquad d\xi = -d\eta.$$

L'intégrale précédente devient

$$-\int_{y}^{x} F_1(y-\eta)\,F_2(\eta-x)\,d\eta = \int_{x}^{y} F_1(y-\xi)\,F_2(\xi-x)\,d\xi. \quad \text{C. Q. F. D.}$$

On a aussi

$$\int_{x}^{y} F_1(\xi-x)\,F_2(y-\xi)\,d\xi = \int_{0}^{u} F_1(v)\,F_2(u-v)\,dv$$
$$= \int_{0}^{u} F_1(u-v)\,F_2(v)\,dv$$

où l'on a posé

$$u = y - x.$$

Cela prouve que la résultante est fonction de $y - x$, de même que les fonctions composantes.

Les fonctions de $y - x$ constituent toutes les fonctions permutables avec l'unité.

En effet, posons

$$\int_{x}^{y} F(x,\xi)\,d\xi = \int_{x}^{y} F(\xi,y)\,d\xi = \Phi(x,y),$$

on aura

$$-\frac{\partial\Phi}{\partial x} = \frac{\partial\Phi}{\partial y} = F(x,y),$$

c'est-à-dire Φ et, par conséquent, F sont des fonctions de $y - x$.

Extension de l'opération de composition. — Si a est un paramètre constant, on représentera par $a\,F(x,y)$ le produit de a par F. $F_i(x,y)$ et $F_s(x,y)$ étant des fonctions permutables, a, b étant des paramètres constants on aura que $a\,F_i(x,y)$ et $b\,F_s(x,y)$ sont aussi permutables. En les composant on obtient $ab\,F_iF_s$, d'où il résulte :

En combinant linéairement des fonctions permutables multipliées par des coefficients constants, on obtient des fonctions permutables dont la composition résulte d'après les règles du produit des polynomes.

Si a et b désignent deux constantes, les fonctions

$$\theta(x,y) = a + F_i(x,y), \qquad \psi(x,y) = b + F_s(x,y)$$

n'appartiennent plus, en général, à l'ensemble des fonctions permutables avec les fonctions données. Cependant nous étendrons l'opération de composition en écrivant

$$\theta\,\mathrm{F}_s = \mathrm{F}_s\theta = a\,\mathrm{F}_s + \mathrm{F}_s\mathrm{F}_i,$$
$$\psi\theta = \theta\psi = ab + a\,\mathrm{F}_s + b\,\mathrm{F}_i + \mathrm{F}_i\mathrm{F}_s.$$

VI. — LE GROUPE DU CYCLE FERMÉ.

Nous avons reconnu, dans l'étude des équations intégrales de Volterra (*voir* p. 52), que les noyaux de la forme $\mathrm{K}(x-\xi)$ jouent un rôle particulier. Nous venons de voir dans le paragraphe précédent que ces noyaux constituent un groupe de fonctions permutables. Nous allons montrer que, au point de vue physique aussi, ils ont un intérêt spécial.

C'est pourquoi revenons aux phénomènes héréditaires, en particulier à ceux de la torsion que nous avons envisagés dans le paragraphe II.

Supposons que le coefficient d'hérédité soit fonction de la différence $t - \tau$, c'est-à-dire

$$(1) \qquad\qquad \Phi(t,\tau) = \Phi(t-\tau).$$

Cela signifie que *la loi de l'hérédité est invariable à travers le temps*. Montrons que, dans ce cas, si le moment de torsion change d'une manière périodique par rapport au temps, l'angle de torsion est aussi périodique avec la même période.

En effet soit T la période. Envisageons la relation entre l'angle de torsion ω et le moment P, en supposant $t_0 = -\infty$ [§ II, formule (2)]

$$(2) \qquad\qquad \omega(t) = k\,\mathrm{P}(t) + \int_{-\infty}^{t} \mathrm{P}(\tau)\,\Phi(t-\tau)\,d\tau.$$

En changeant successivement t en $t+\mathrm{T}$ et τ en $\tau+\mathrm{T}$, on obtient, après avoir remarqué que $\mathrm{P}(t) = \mathrm{P}(t+\mathrm{T})$,

$$\omega(t+\mathrm{T}) = k\,\mathrm{P}(t) + \int_{-\infty}^{t} \mathrm{P}(\tau)\,\Phi(t-\tau)\,d\tau,$$

c'est-à-dire

$$\omega(t+\mathrm{T}) = \omega(t). \qquad\qquad \text{C. Q. F. D.}$$

Dans la formule (2) on a dû prendre la limite inférieure $-\infty$ à cause de la périodicité, c'est pourquoi nous supposerons

$$(3) \qquad |\Phi(t,\tau)| < \frac{B}{(t-\tau)^{1+\varepsilon}},$$

B et ε étant des quantités positives. Nous sommes ainsi sûrs de la convergence des intégrales.

Démontrons maintenant la propriété réciproque. Supposons que chaque fois que P est une fonction périodique de t, avec une période quelconque T, ω soit aussi une fonction périodique de t avec la même période. Nous allons prouver que, dans ce cas, la condition (1) doit être vérifiée.

En effet, comme à l'instant t on a

$$\omega(t) = k\,P(t) + \int_{-\infty}^{t} P(\tau)\,\Phi(t,\tau)\,d\tau,$$

et à celui $t + T$

$$\omega(t+T) = k\,P(t+T) + \int_{-\infty}^{t+T} P(\tau)\,\Phi(t+T,\tau)\,d\tau,$$

en remarquant que
$$\omega(t) = \omega(t+T),$$
$$P(t) = P(t+T),$$

on obtiendra

$$\int_{-\infty}^{t} P(\tau)\,\Phi(t,\tau)\,d\tau = \int_{-\infty}^{t+T} P(\tau)\,\Phi(t+T,\tau)\,d\tau,$$

c'est-à-dire, en faisant dans le second membre la substitution

$$\tau = \tau' + T,$$

$$(1) \qquad \begin{cases} \displaystyle\int_{-\infty}^{t} P(\tau)\,\Phi(t,\tau)\,d\tau = \int_{-\infty}^{t} P(\tau'+T)\,\Phi(t+T,\tau'+T)\,d\tau' \\[2mm] \displaystyle\qquad\qquad = \int_{-\infty}^{t} P(\tau)\,\Phi(t+T,\tau+T)\,d\tau. \end{cases}$$

Or $P(\tau)$ est une fonction périodique arbitraire, c'est pourquoi

$$\Phi(t,\tau) + \sum_{n}^{\infty} {}_1\, \Phi(t,\tau-nT) = \Phi(t+T,\tau+T) + \sum_{n}^{\infty} {}_0\, \Phi(t+T,\tau-nT),$$

où
$$t > \tau > t - T.$$

En tenant compte de la condition (3) on voit que les deux séries
précédentes seront convergentes et qu'on aura

$$\left| \sum_{n}^{\infty} \Phi(t, \tau - n\,T) \right| < \frac{B}{T^{1+\varepsilon}} \sum_{n}^{\infty} \frac{1}{n^{1+\varepsilon}},$$

$$\left| \sum_{n}^{\infty} \Phi(t - T, \tau - n\,T) \right| < \frac{B}{T^{1+\varepsilon}} \sum_{n}^{\infty} \frac{1}{n^{1+\varepsilon}},$$

donc

$$\Phi(t, \tau) = \Phi(t + T, \tau + T) + \frac{2\,B\,\eta}{T^{1+\varepsilon}} \sum_{n}^{\infty} \frac{1}{n^{1+\varepsilon}},$$

où η est un nombre compris entre $+1$ et -1.

Si $\lambda < T - (t - \tau)$, on aura $T - \lambda > 0$, et $\tau + \lambda$ sera compris
entre $t + \lambda$ et $t + \lambda - (T - \lambda)$. Ainsi on pourra changer dans
l'équation précédente t, τ, T respectivement en $t + \lambda$, $\tau + \lambda$,
$T - \lambda$; on aura donc

$$\Phi(t, \tau) - \Phi(t + \lambda, \tau + \lambda) = \left(\frac{2\,B\,\eta}{T^{1+\varepsilon}} - \frac{2\,B\,\eta'}{(T - \lambda)^{1+\varepsilon}} \right) \sum_{n}^{\infty} \frac{1}{n^{1+\varepsilon}},$$

où $1 \geqq \eta' \geqq -1$. Cette relation a lieu pour T aussi grand que l'on
veut; par suite on a, quel que soit λ,

$$\Phi(t, \tau) = \Phi(t - \lambda, \tau + \lambda),$$

c'est-à-dire Φ est fonction de $t - \tau$ [1].   C. Q. F. D.

On appelle l'ensemble des propositions que nous venons de
démontrer le *principe du cycle fermé*. En effet la relation entre ω
et P peut être représentée par une courbe plane ayant pour coordonnées ω et P. Or, au lieu de parler de périodicité de ω et F avec
la même période, on peut dire que le point représentatif de la
courbe *décrit périodiquement un cycle fermé*. Le groupe des
fonctions permutables de la forme $F(y - x)$ s'appelle le *groupe
du cycle fermé*.

---

[1] VOLTERRA, *Sulle equazioni della elettrodinamica* (*Lincei*, 1909, 1° sem.;
Acta math., t. XXXV).

VII. — Séries des fonctions permutables.

Envisageons la série des puissances de la variable complexe z,

$$a_1 z + a_2 z^2 + \ldots + a_n z^n + \ldots,$$

dont R est le rayon de convergence. Alors on peut déterminer un nombre positif M tel que

$$|a_n| < \frac{M}{R^n}.$$

Cela posé, considérons la série

$$(1) \qquad a_1 F + a_2 F^2 + \ldots + a_n F^n + \ldots,$$

où les indices des puissances représentent des opérations de composition appliquées à la fonction $F(x, y)$. Cette série est uniformément convergente. En effet,

$$F^m < N^m \frac{(y-x)^{m-1}}{(m-1)!},$$

si $|F| < N$, et la série majorante

$$\sum_{n=1}^{\infty} \frac{M}{R^n} N^n \frac{(y-x)^{n-1}}{(n-1)!}$$

est uniformément convergente.

Posons

$$\Phi(x,y) = a_1 F + a_2 F^2 + \ldots + a_n F^n + \ldots$$

et composons F et Φ. Nous aurons

$$\Phi F = a_1 F^2 - \ldots + a_n F^{n+1} + \ldots,$$
$$F \Phi = a_1 F^2 - \ldots + a_n F^{n+1} + \ldots;$$

donc F et Φ sont ses fonctions permutables. Les propositions que nous venons d'énoncer peuvent se généraliser facilement et l'on a le théorème suivant :

Soit

$$(2) \qquad \sum_{i_1=0}^{\infty} \sum_{i_2=0}^{\infty} \ldots \sum_{i_h=0}^{\infty} a_{i_1 i_2 \ldots i_h} z_1^{i_1} z_2^{i_2} \ldots z_h^{i_h}$$

V.   10.

une série convergente si $|z_1| < R_1, |z_2| < R_2, ..., |z_h| < R_h$ étant $a_{00...0} = 0$. Remplaçons $z_1, z_2, ..., z_h$ par les fonctions permutables $F_1(x, y), F_2(x, y), ..., F_h(x, y)$. En regardant les symboles de puissance et de multiplication comme des symboles de composition, on obtient une série convergente dont la somme est permutable avec $F_1, F_2, ..., F_h$.

En effet, on peut trouver un nombre M tel que

$$a_{i_1 i_2 ... i_h} < \frac{M}{R_1^{i_1} R_2^{i_2} ... R_h^{i_h}}.$$

Or, si

$$|F_i| < N \qquad (i = 1, 2, ..., h),$$

on a

$$F_1^{i_1} F_2^{i_2} ... F_h^{i_h} < N^{i_1 + i_2 + ... + i_h} \frac{(y - x)^{i_1 + i_2 + ... + i_h - 1}}{(i_1 + i_2 + ... + i_h - 1)!}$$

$$< N^{i_1 + i_2 + ... + i_h} \frac{(y - x)^{i_1} (y - x)^{i_2} ... (y - x)^{i_h - 1}}{i_1! \, i_2! \, ... \, (i_h - 1)!},$$

en supposant $i_h > 0$, et la série majorante

$$\sum_{i_1=0}^{\infty} \sum_{i_2=0}^{\infty} ... \sum_{i_h=0}^{\infty} \frac{M}{R_1^{i_1} R_2^{i_2} ... R_h^{i_h}} N^{i_1 + i_2 + ... + i_h} \frac{(y - x)^{i_1 + i_2 + ... + i_h - 1}}{i_1! \, i_2! \, ... \, (i_h - 1)!}$$

est convergente. La vérification de la permutabilité est immédiate. Le théorème précédent donne la manière de passer de la série (2) qui est convergente dans un certain domaine à une série qui est convergente, quelles que soient les valeurs de $F_1, F_2, ..., F_h$.

Envisageons par exemple

$$\frac{z}{a + z} = \frac{z}{a} - \frac{z^2}{a^2} + \frac{z^3}{a^3} + ... + (-1)^{n-1} \frac{z^n}{a^n} + ...,$$

qui converge pour $|z| < a$. La série

$$(3) \qquad \Phi = \frac{F}{a} - \frac{F^2}{a^2} + \frac{F^3}{a^3} + ... + (-1)^{n-1} \frac{F^n}{a^n} + ...$$

où les symboles de puissance appliqués à la fonction F désignent des opérations de composition, est toujours convergente, et $\Phi(x, y)$ est permutable avec $F(x, y)$.

La proposition que nous avons énoncée nous donne aussi le moyen d'étendre l'expression des fonctions permutables et de calculer d'une manière fort simple leur composition.

Soit l'élément de fonction analytique

$$\psi(z) = a_0 + a_1 z + a_2 z^2 + \ldots + a_n z^n + \ldots,$$

on écrira

$$\psi(F) = a_0 + a_1 F + a_2 F^2 + \ldots + a_n F^n + \ldots,$$

où les puissances désignent des compositions. La série sera convergente quel que soit $F(x, y)$, et $\psi(F)$ sera permutable avec $F(x, y)$ si $a_0 = 0$.

De même, soit

$$\psi(z_1, z_2, \ldots, z_h) = \Sigma a_{i_1 i_2 \ldots i_h} z_1^{i_1} z_2^{i_2} \ldots z_h^{i_h}$$

un élément de fonction analytique des variables $z_1, z_2, \ldots, z_h$; on écrira analoguement, $F_1(x, y), \ldots, F_h(y, z)$ étant des fonctions permutables,

$$\psi(F_1, F_2, \ldots, F_h) - \Sigma a_{i_1 i_2 \ldots i_h} F_1^{i_1} F_2^{i_2} \ldots F_h^{i_h},$$

où il faut interpréter par des compositions les symboles des opérations de multiplication et de puissance dont sont affectées $F_1, F_2, \ldots, F_h$. On aura ainsi une série toujours convergente et elle sera une fonction permutable avec $F_1, F_2, \ldots, F_h$, si $a_{00\ldots0} = 0$.

Cela posé, étant données deux fonctions analytiques,

$$\psi(z_1, \ldots, z_h), \quad \theta(z_1, \ldots, z_h),$$

développables en séries de puissances de $z_1, z_2, \ldots, z_h$ dans le domaine du point $z_1 = z_2 = \ldots = z_h = 0$, formons le produit

$$\psi(z_1, \ldots, z_h)\theta(z_1, \ldots, z_h) = \chi(z_1, \ldots, z_h).$$

On aura, en composant $\psi(F_1, F_2, \ldots, F_h)$ avec $\theta(F_1, F_2, \ldots, F_h)$, le résultat $\chi(F_1, F_2, \ldots, F_h)$ et les développements de $\psi(F_1, \ldots, F_h)$, $\theta(F_1, \ldots, F_h)$, $\chi(F_1, \ldots, F_h)$ seront valables quels que soient les modules de $F_1, F_2, \ldots, F_h$.

Les opérations de composition pourront donc s'effectuer par les mêmes règles qu'on applique lorsqu'on fait le produit des expressions analytiques.

C'est ainsi que l'expression de la fonction (3) pourra s'écrire

$$\Phi = \frac{F}{a + F},$$

et si l'on a

$$\psi = \frac{F}{a \div F}, \qquad \theta = \frac{F}{b + F},$$

nous écrirons le résultat de leur composition

$$\psi\theta = \frac{F}{a+F}\ \frac{F}{b+F} = \frac{F^2}{ab+(a+b)F+F^2}.$$

VIII. — THÉORÈME GÉNÉRAL SUR LES ÉQUATIONS INTÉGRALES ET INTÉGRO-DIFFÉRENTIELLES.

Le théorème que nous avons donné dans le paragraphe précédent peut être énoncé et interprété d'une autre manière. Envisageons la série des puissances

$$(1) \qquad \sum_{i_1=0}^{\infty}\sum_{i_2=0}^{\infty}\cdots\sum_{i_n=0}^{\infty} a_{i_1\ldots i_n} z_1^{i_1} z_2^{i_2}\ldots z_n^{i_n} = F(z_1, z_2, \ldots, z_n).$$

Remplaçons $z_1, z_2, \ldots, z_n$ par $z_1 F_1, z_2 F_2, \ldots, z_n F_n, F_1, F_2, \ldots, F_n$ étant des fonctions permutables et $z_1, z_2, \ldots, z_n$ des paramètres indépendants de x, y. Considérons les opérations de multiplication et de puissance dont $F_1, F_2, \ldots, F_n$ sont affectées comme des opérations de composition. *La série ainsi obtenue est convergente quelles que soient les modules des paramètres $z_1, \ldots, z_n$,* c'est-à-dire qu'elle est une fonction holomorphe de ces variables. Désignons-la par

$$F(z_1 F_1, z_2 F_2, \ldots, z_n F_n),$$

ou par

$$F(z_1, z_2, \ldots, z_n \mid x, y).$$

Cela posé, considérons une relation entre $z_1, z_2, \ldots, z_n$, la fonction (1) et ses dérivées jusqu'à un certain ordre, qu'on peut écrire

$$(1') \qquad \Phi\left(z_1, z_2, \ldots, z_n, F, \frac{\partial F}{\partial z_1}, \frac{\partial F}{\partial z_2}, \ldots, \frac{\partial^{p_1+\ldots+p_n}F}{\partial z_1^{p_1}\ldots\partial z_n^{p_n}}\right) = 0.$$

Écrivons $z_1\xi_1, z_2\xi_2, \ldots, z_n\xi_n$ au lieu de $z_1, z_2, \ldots, z_n$ et remplaçons F par $\dfrac{f}{\xi_0}$, où $\xi_0, \xi_1, \ldots, \xi_n$ sont des paramètres indépendants des $z_1, z_2, \ldots, z_n$. L'équation précédente s'écrira

$$\Phi\left(z_1, \ldots, z_n, \frac{f}{\xi_0}, \frac{1}{\xi_0\xi_1}\frac{\partial f}{\partial z_1}, \frac{1}{\xi_0\xi_2}\frac{\partial f}{\partial z_2}, \ldots, \frac{1}{\xi_0\xi_1^{p_1}\ldots\xi_n^{p_n}}\frac{\partial^{p_1+\ldots+p_n}f}{\partial z_1^{p_1}\ldots\partial z_n^{p_n}}\right) = 0,$$

et elle sera satisfaite par

$$f = \xi_0 F(z_1\xi_1, z_2\xi_2, \ldots, z_n\xi_n).$$

Pour simplifier, supposons que l'équation $(1')$ soit algébrique et que, en la réduisant sous forme entière, elle devienne

$$\Psi\left(z_1, z_2, \ldots, z_n, \xi_0, \xi_1, \ldots, \xi_n, f, \frac{\partial f}{\partial z_1}, \frac{\partial f}{\partial z_2}, \ldots, \frac{\partial^{p_1+\ldots+p_n} f}{\partial z_1^{p_1}\ldots\partial z_n^{p_n}}\right) = 0.$$

Remplaçons maintenant $\xi_1, \ldots, \xi_n$ par $F_1, F_2, \ldots, F_n$ et au lieu de ξ_0 substituons une constante ou une fonction F_0 permutable avec les précédentes de telle façon que f soit aussi permutable avec $F_1, \ldots, F_n$. Considérons les produits et les puissances de F_0, $F_1, \ldots, F_n, f$ et des dérivées de f, comme des opérations de composition. On obtiendra une équation intégro-différentielle qu'on peut écrire

$$(2)\quad \Psi\left(z_1, \ldots, z_n, F_0, F_1, \ldots, F_n, f, \frac{\partial f}{\partial z_1}, \frac{\partial f}{\partial z_2}, \ldots, \frac{\partial^{p_1+\ldots+p_n} f}{\partial z_1^{p_1}\partial z_2^{p_2}\ldots\partial z_n^{p_n}}\ldots\right) = 0.$$

La proposition générale qui résulte de la théorie que nous avons exposée est la suivante :

L'équation intégro-différentielle (2) *est satisfaite par la fonction entière* $f(z_1, z_2, \ldots, z_n \,|\, x, y)$ *permutable avec* F_1, $F_2, \ldots, F_n$.

Lorsque Φ ne contient pas les dérivées de F, le théorème précédent cesse d'être une proposition relative aux équations intégro-différentielles et devient un théorème sur les équations intégrales.

Nous allons lui donner alors une forme un peu différente et plus simple.

Considérons l'élément de fonction analytique

$$\sum_{i_1=0}^{\infty}\sum_{i_2=0}^{\infty}\cdots\sum_{i_n=0}^{\infty} a_{i_1\ldots i_n} z_1^{i_1} z_2^{i_2}\ldots z_n^{i_n},$$

qu'on peut désigner par $F(z_1, z_2, \ldots, z_n)$ et écrivons l'équation

$$(3)\qquad F(z_1, z_2\ldots, z_n) = 0.$$

Si l'on envisage z_n comme fonction implicite de $z_1, z_2, \ldots, z_{n-1}$, supposons que la solution $z_n(z_1, z_2, \ldots, z_{n-1})$ devienne nulle pour $z_1 = z_2 = \ldots = z_{n-1} = 0$ sans que ce point soit de diramation. Alors on pourra développer z_n dans un domaine de

$$z_1 = z_2 = \ldots = z_{n-1} = 0$$

dans une série

$$(4) \qquad z_n = \sum_{i_1}^{\infty} \sum_{i_2}^{\infty} \cdots \sum_{i_{n-1}}^{\infty} b_{i_1 \ldots i_{n-1}} z_1^{i_1} z_2^{i_2} \ldots z_{n-1}^{i_{n-1}}.$$

En substituant dans l'équation (3) F_1, F_2, ..., F_n au lieu de z_1, z_2, ..., z_n et en considérant les opérations comme des compositions, on aura une équation intégrale non linéaire, où l'on peut regarder F_n comme inconnue. La solution en sera donnée par la série (4) en y remplaçant z_1, ..., z_{n-1} par F_1, ..., F_{n-1} et en regardant les puissances et les multiplications comme des symboles de composition.

Remarquons que, tandis que la série (4) *donne en général la solution de l'équation* (3), *si les modules de* z_1, ..., z_{n-1} *sont plus petits d'une certaine limite, la série*

$$\sum_{i_1}^{\infty} \sum_{i_2}^{\infty} \cdots \sum_{i_{n-1}}^{\infty} b_{i_1} \ldots b_{i_{n-1}} F_1^{i_1} F_2^{i_2} \ldots F_{n-1}^{i_{n-1}}(x, y)$$

donne la solution de l'équation intégrale $F(F_1, F_2, ..., F_n) = 0$, *quelles que soient les valeurs absolues de* F_1, F_2, ..., F_{n-1}.

IX. — APPLICATIONS.

Nous consacrerons ce paragraphe à quelques applications des résultats précédents.

Considérons d'abord l'équation de premier degré

$$z_1 z_3 + z_3 = z_2.$$

L'inconnue z_3 sera donnée par

$$(1) \qquad z_3 = \frac{z_2}{1 + z_1}.$$

Donc, pour résoudre l'équation intégrale du premier degré

$$F_3(x, y) + \int_x^y F_1(x, \xi) F_3(\xi, y) \, d\xi = F_2(x, y),$$

où F_1 et F_2 sont des fonctions permutables, il suffira d'écrire

$$F_3(x, y) = \frac{F_2}{1 + F_1} = F_2 - F_1 F_2 + F_1^2 F_2 - F_1^3 F_2 + \ldots,$$

où les multiplications et les puissances dénotent des compositions.

Ce développement est toujours convergent, tandis que le développement analogue de la formule (1) a le rayon de convergence égal à l'unité.

Si $F_2(x, y) = F_1(x, y)$, on obtient les deux principes de réciprocité et de convergence (comparer Chap. II, § II). La théorie des équations intégrales linéaires n'est donc qu'un cas particulier de celle que nous venons de développer.

Considérons ensuite l'équation intégrale de deuxième degré :

$$a_1 f(x, y) + \int_x^y \Phi_1(x, \xi) f(\xi, y)\, d\xi + a_2 \int_x^y f(x, \xi) f(\xi, x)\, d\xi$$
$$+ \int_x^y \Phi_2(x, \xi)\, d\xi \int_\xi^y f(\xi, \xi_1) f(\xi_1, y)\, d\xi_1 = \Phi_0(x, y),$$

où a_1 et a_2 sont deux constantes $a_1 \lesseqgtr 0$ et Φ, Φ_2, Φ_0 sont des fonctions permutables. La solution sera

$$f = \frac{-(a_1 + \Phi_1) + \sqrt{(a_1 + \Phi_1)^2 - 4(a_2 + \Phi_2)\Phi_0}}{2(a_2 + \Phi_2)},$$

qui peut facilement être développée en série des puissances de Φ_0, Φ_1, Φ_2, où les puissances et les produits désignent des opérations de composition. La série sera toujours convergente.

Passons aux équations intégrales de degré infini.

Envisageons la série exponentielle

$$e^z = 1 + z + \frac{z^2}{2!} + \frac{z^3}{3!} + \ldots + \frac{z^n}{n!} + \ldots :$$

posons

$$(2) \qquad Z = z + \frac{z^2}{2!} + \frac{z^3}{3} + \ldots + \frac{z^n}{n!} + \ldots.$$

On peut obtenir z exprimé par une série des puissances de Z. En effet,

$$e^z = 1 + Z, \quad \text{donc} \quad z = \log(1 + Z) = Z - \frac{Z^2}{2} + \frac{Z^3}{3} - \ldots + (-1)^n \frac{Z^n}{n} + \ldots.$$

Le rayon de convergence de cette série est l'unité.

Écrivons maintenant l'équation intégrale correspondant à

l'équation transcendante (2). Posons

$$F^n(x,y) = \int_x^y F^{n-1}(x,\xi)\, F(\xi,y)\, d\xi.$$

L'équation intégrale sera

$$\Phi(x,y) = F(x,y) + \frac{F^2(x,y)}{2!} + \ldots + \frac{F^n(x,y)}{n!} + \ldots,$$

où $F(x,y)$ est l'inconnue. La solution sera

$$F(x,y) = \Phi(x,y) - \frac{\Phi^2(x,y)}{2} + \ldots + (-1)^n \frac{\Phi^n(x,y)}{n} + \ldots,$$

où l'on a

$$\Phi^n(x,y) = \int_x^y \Phi^{n-1}(x,\xi)\, \Phi(\xi,y)\, d\xi.$$

Même ici on peut répéter la remarque que la solution trouvée est valable quelle que soit la valeur absolue de $\Phi(x,y)$, tandis que la série logarithmique a le rayon de convergence égal à 1.

Comme dernière application, nous calculerons la solution fondamentale de l'équation

$$(3) \qquad \Delta^2 u(\theta, t) + \int_t^\theta \left[\frac{\partial^2 u(\theta,\tau)}{\partial x^2} f(\tau,t) + \frac{\partial^2 u(\theta,\tau)}{\partial y^2} \varphi(\tau,t) + \frac{\partial^2 u(\theta,\tau)}{\partial z^2} \psi(\tau,t) \right] d\tau = 0$$

dans l'hypothèse que f, φ et ψ soient des fonctions permutables. Cette équation est l'équation adjointe de l'équation intégro-différentielle de type elliptique que nous avons envisagé dans le paragraphe IV.

Considérons d'abord l'équation différentielle

$$\frac{\partial^2 u}{\partial x^2}(1 + z_1) + \frac{\partial^2 u}{\partial y^2}(1 + z_2) + \frac{\partial^2 u}{\partial z^2}(1 + z_3) = 0,$$

z_1, z_2, z_3 étant des paramètres indépendants de x, y, z. Posons

$$1 + z_1 = \frac{1}{1 - \zeta_1}, \qquad 1 + z_2 = \frac{1}{1 - \zeta_2}, \qquad 1 + z_3 = \frac{1}{1 - \zeta_3}.$$

On a

$$\frac{\partial^2 u}{\partial x^2}\frac{1}{1-\zeta_1} + \frac{\partial^2 u}{\partial y^2}\frac{1}{1-\zeta_2} + \frac{\partial^2 u}{\partial z^2}\frac{1}{1-\zeta_3} = 0,$$

et en désignant $x\sqrt{1-\zeta_1}$, $y\sqrt{1-\zeta_2}$, $z\sqrt{1-\zeta_3}$, respectivement, par x_1, y_1, z_1, l'équation précédente s'écrira

$$\frac{\partial^2 u}{\partial x_1^2} + \frac{\partial^2 u}{\partial y_1^2} + \frac{\partial^2 u}{\partial z_1^2} = 0.$$

La solution fondamentale de cette équation est donnée par

$$u = \frac{\xi}{\sqrt{x_1^2 + y_1^2 + z_1^2}} = \frac{\xi}{\sqrt{x^2(1-\zeta_1) + y^2(1-\zeta_2) + z^2(1-\zeta_3)}}$$
$$= \frac{\xi}{r\sqrt{1 - \left(\dfrac{x^2}{r^2}\zeta_1 + \dfrac{y^2}{r^2}\zeta_2 + \dfrac{z^2}{r^2}\zeta_3\right)}},$$

où ξ est un paramètre quelconque indépendant de x, y, z et $r^2 = x^2 + y^2 + z^2$.

Posons

$$\alpha = \frac{x^2}{r^2}\zeta_1 + \frac{y^2}{r^2}\zeta_2 + \frac{z^2}{r^2}\zeta_3$$

et développons u suivant les puissances de α. On aura

$$(4) \qquad u = \frac{\xi}{r}\left(1 + \sum_{n=1}^{\infty} \frac{3.5.7(2n-1)\alpha^n}{2.4.6\ldots 2n}\right).$$

Ce développement convergera pour ζ_1, ζ_2, ζ_3 suffisamment petites. Substituons maintenant f, φ, ψ, λ au lieu de z_1, z_2, z_3, ξ et supposons que λ soit une fonction permutable avec f, φ, ψ. Commençons par écrire symboliquement

$$1 + f = \frac{1}{1-F}, \qquad 1 + \varphi = \frac{1}{1-\Phi}, \qquad 1 + \psi = \frac{1}{1-\Psi};$$

c'est-à-dire

$$F(\tau, t) = f(\tau, t) - f^2(\tau, t) + f^3(\tau, t) - \ldots,$$
$$\Phi(\tau, t) = \varphi(\tau, t) - \varphi^2(\tau, t) + \varphi^3(\tau, t) - \ldots,$$
$$\Psi(\tau, t) = \psi(\tau, t) - \psi^2(\tau, t) + \psi^3(\tau, t) - \ldots,$$

où les puissances désignent des compositions, et posons

$$\Theta(x, y, z \mid \tau, t) = \left(\frac{x}{r}\right)^2 F(\tau, t) + \left(\frac{y}{r}\right)^2 \Phi(\tau, t) + \left(\frac{z}{r}\right)^2 \Psi(\tau, t).$$

La solution fondamentale de l'équation (3) sera donnée par

$$
\begin{aligned}
\mathrm{U}(x, y, z \mid 0, t) \\
= \frac{1}{r} \left\{ \lambda(0, t) + \sum_{n=1}^{\infty} \frac{3.5.7\ldots(2n-1)}{2.4.6\ldots 2n} \int_0^t \lambda(0, \tau) \Theta^n(x, y, z \mid \tau, t)\, d\tau \right\}.
\end{aligned}
$$

Cette expression sera convergente quelles que soient les valeurs absolues finies de f, φ, ψ, λ, tandis que la série (4) ne sera convergente que dans certaines limites. Elle satisfait l'équation (3) même si nous prenons $\lambda = 1$. Dès qu'on a calculé la solution fondamentale de l'équation adjointe (3), en employant la méthode de Green, on peut obtenir une formule analogue à celle de Green pour l'équation du type elliptique du paragraphe IV. Il suffit de remarquer que dans l'expression de U, où l'on a fait $\lambda = 1$, on peut remplacer x, y, z par $x - x_1, y - y_1, z - z_1$, le point x_1, y_1, z_1 étant le *pôle*. Si l'on applique la formule de réciprocité que nous avons donnée dans le paragraphe IV, en prenant $v = \mathrm{U}$, il faut retrancher le pôle par une sphère s'il est interne au domaine S. En faisant diminuer cette sphère indéfiniment, on trouve à la limite la formule correspondante à celle donnée par Green dans le cas de l'équation de Laplace.

Pour les détails des calculs, nous renvoyons au Mémoire ([1]) déjà rappelé de Volterra publié dans les *Acta mathematica* ([2]).

([1]) VOLTERRA, *Osservazioni sulle equazioni integro-diff. ed integrali* (*Lincei*, t. XIX, 1er sem.).
([2]) *Acta mathematica*, t. XXXV.

FIN.

TABLE DES MATIÈRES.

CHAPITRE I.

SUR LES FONCTIONS QUI DÉPENDENT D'AUTRES FONCTIONS.

CHAPITRE II.

ÉQUATIONS INTÉGRALES DE VOLTERRA.

CHAPITRE III.

L'ÉQUATION DE FREDHOLM.

CHAPITRE IV.

ÉQUATIONS INTÉGRO-DIFFÉRENTIELLES ET FONCTIONS PERMUTABLES.

FIN DE LA TABLE DES MATIÈRES.

48140   Paris. — Imprimerie GAUTHIER-VILLARS, quai des Grands-Augustins, 55.